CAXA 数控车
2015项目案例教程

CAXA SHUKONGCHE
2015 XIANGMU ANLI JIAOCHENG

刘玉春 主 编 ●
程 辉 刘海涛 副主编 ●
张 毅 主 审 ●

U0300550

化学工业出版社
·北京·

本书采用项目案例任务的组织方式，从基础知识入手，通过任务实例讲解操作方法，全书有7个项目，共38个实例任务，主要内容包括CAXA数控车2015软件的基本操作、平面图形绘制、零件编程与仿真加工、工艺品零件编程与仿真加工、特殊编程加工方法、综合零件编程加工及实训练习等。项目1~6均配有项目小结、思考与练习，以便读者将所学知识融会贯通。通过这些项目任务的学习，读者不但可以轻松掌握CAXA数控车2015的基本知识和应用方法，而且能熟练掌握数控车床自动编程的方法。项目7可供实训时练习使用。

本书图文并茂，内容由浅入深，易学易懂，工学结合，突出了实用性和可操作性，使读者能在完成各项任务的过程中逐渐掌握所学知识，快速入门并掌握CAXA数控车2015的使用技巧。

本书有配套的电子教案及习题答案，可在化学工业出版社的官方网站上下载。

本书可作为本科、高职高专院校机械、数控、机电工程、工业设计等相关专业机械制造与加工课程的教材，也可作为成人高校以及技师学院、中等职业技术学校等数控加工技术应用、CAD/CAM技术应用等专业的教材，同时可作为数控专业的技能鉴定或数控大赛参考用书，可供广大CAD/CAM软件爱好者自学使用。

图书在版编目（CIP）数据

CAXA 数控车 2015 项目案例教程/刘玉春主编. —北京：化学工业出版社，2018.8（2023.3重印）
ISBN 978-7-122-32406-1

Ⅰ.①C··· Ⅱ.①刘··· Ⅲ.①数控机床-车床-教材
Ⅳ.①TG519.1

中国版本图书馆 CIP 数据核字（2018）第 130936 号

责任编辑：高　钰　　　　　　　　　　　文字编辑：陈　喆
责任校对：王　静　　　　　　　　　　　装帧设计：刘丽华

出版发行：化学工业出版社（北京市东城区青年湖南街 13 号　邮政编码 100011）
印　　刷：三河市航远印刷有限公司
装　　订：三河市宇新装订厂
787mm×1092mm　1/16　印张 11¾　字数 289 千字　2023 年 3 月北京第 1 版第 9 次印刷

购书咨询：010-64518888　　售后服务：010-64518899
网　　址：http://www.cip.com.cn
凡购买本书，如有缺损质量问题，本社销售中心负责调换。

定　　价：38.00 元　　　　　　　　　　　　　　　　版权所有　违者必究

前　言

制造业信息化是现代制造业的关键，各类工科大学及高职高专院校机械制造、机电工程类各专业的教学改革与发展方向都围绕着制造业信息化这一主题进行。数控加工技术是典型的机电一体化技术。CAD/CAM 技术的推广和成熟应用为数控加工技术带来了前所未有的全新的思维模式和解决方案，国内各类加工制造企业对先进制造技术及数控设备的应用日益普及，CAD/CAM 技术应用的水平也正在迅速地提高，这一切对高等职业院校提出了更高的要求。

近年来，随着计算机和数控机床的快速发展普及，CAD/CAM 技术研究和软件开发有了良好的发展，CAD/CAM 软件也日益成熟。通过 CAD/CAM 软件，可以实现对任意零件的建模及轨迹生成，直至自动生成数控程序，实现了自动编程加工。CAXA 数控车 2015 是具有自主知识产权的国产数控编程软件。它集计算机辅助设计、计算机辅助制造于一体，功能强大，工艺性好，代码质量高，以及强大的造型功能和加工功能备受广大用户的赞誉。

进入新世纪，全球产业格局正在调整，全球制造业的重点正在向亚太地区转移，中国正在从"制造大国"向"制造强国"转化。我国企业的数控设备年年快速增长，零件加工精度和质量要求越来越高，这就需要大量掌握现代 CAD/CAM 技术的技工和技师，职业技能培训工作变得尤其重要。因此，开发既能适合企业对高技能人才的需求，又能结合当前各类工科大学、高职高专院校实际教学条件的 CAD/CAM 软件方面的课程教材成为当务之急。

本书以"数控加工技术专业技能型紧缺人才培养"的需求为导向，以实际生产应用的零件为主要实例来源，全面详细介绍了国产的 CAD/CAM 软件——CAXA 数控车 2015 软件各功能的作用、造型与操作方法及使用技巧。在国内制造业的数控加工车间，实施数控加工任务的主要有工艺员（编程人员）和操作人员，前者负责制定加工工艺、编制加工程序，后者负责数控机床的操作。但众多的中小企业为了提高生产效率和降低成本，编程人员和操作人员往往由一人担当，由此可以看出，现代制造业需要的是高级技能复合型的数控加工技术的从业人员。因此，对数控加工技术人才培养应强调"3D 设计、工艺、编程和操作"的集成统一，以此才能做到知识和技能、理论与实践的完美组合，更有利于提高职业院校学生的就业竞争力，满足市场对数控加工技术技能型人才的需求。

制造业数控加工技术的特点与 CAD/CAM 集成软件的综合性密不可分，比如在航空航天或汽车制造的厂家，实际上都在使用公认的主流软件，但这些软件想学好或掌握起来颇费时日。经过国内数百所大专院校的 10 多年培训和制造业应用情况反馈表明，以具有 Windows 原创风格、全中文界面的 CAXA 数控车为代表的 CAXA 系列 CAD/CAM 软件易学实用，成本较低，完全能够满足对职业技能培训的特殊需求。该软件是劳动和社会保障部"数控工艺员"职业资格培训指定软件，还是全国数控技能大赛指定软件之一。

本书以企业柔性管理系统仿真岗位工作基础操作为根本，以数控车工职业标准为依据，以车削内容设计原型为工作任务，让学生全面掌握 CAXA 数控车 2015 软件应用的基本操作，二维图形绘制与编辑，外圆、切槽、螺纹加工等数控车中级操作技术；本着"由易到难、由简到繁、再到综合应用"的原则，将全书分为 7 个项目，共 38 个实例任务及 300 多个操作图，图文搭配得当，贴近于计算机上的操作界面，步骤清晰明了，符合学生认知规律，便于学生上机实践；除此之外，使学生熟悉并掌握 CAXA 数控车 2015 软件的基本知识和使用方法，能独立运用软件完成中等复杂程度轴类零件的绘图，能合理设置各种工艺参数，正确进行后置处理、生成数控加工程序，利用软件在数控机床上完成零件的加工。并在项目 1~6 后都配有项目小结、思考与练习，供学生在学完本项目后复习巩固和自我检测。

本书的内容已制作成用于多媒体教学的 PPT 课件，并将免费提供给采用本书作为教材的院校使用。如有需要，请发电子邮件至 cipedu @ 163.com 获取，或登录 www.cipedu.com.cn 免费下载。

本书由刘玉春担任主编，程辉、刘海涛担任副主编，张毅教授担任主审。具体编写分工为：泊头职业技术学院许洋（项目一），甘肃畜牧工程职业技术学院刘玉春（项目二和项目五），南京交通技师学院于磊磊（项目三），甘肃有色冶金职业技术学院程辉（项目四），广东海悟科技有限公司刘海涛（项目六和项目七）。

由于编者水平有限，加之 CAD/CAM 技术发展迅速，书中疏漏和不妥之处恳请广大同仁和读者不吝批评指正。

编　者
2018 年 6 月

目　录

项目一

CAXA数控车2015基本操作

CAXA 数控车是在全新的数控加工平台上开发的数控车床加工编程和二维图形设计软件。CAXA 数控车具有 CAD 软件的强大绘图功能和完善的外部数据接口，可以绘制任意复杂的图形，可通过 DXF、IGES 等数据接口与其他系统交换数据。CAXA 数控车具有轨迹生成及通用后置处理功能。该软件提供了功能强大、使用简洁的轨迹生成手段，可按加工要求生成各种复杂图形的加工轨迹。通用的后置处理模块使 CAXA 数控车可以满足各种机床的代码格式，可输出 G 代码，并对生成的代码进行校验及加工仿真。

【技能目标】
· 认识 CAXA 数控车的用户界面，熟悉 CAXA 数控车工具栏的作用。
· 掌握 CAXA 数控车图层管理功能，学会分层绘制图素。
· 掌握工具栏功能图标的操作方法，提高作图效率。
· 掌握 CAXA 数控车视图控制方法。

任务一 熟悉 CAXA 数控车界面

一、任务导入

CAXA 数控车使用最新流行界面，更贴近用户，更简明易懂。系统通过界面反映当前信息状态或将要执行的操作，用户按照界面提供的信息作出判断，并经由输入设备进行下一步的操作。本任务主要是认识 CAXA 数控车界面，了解各菜单工具栏的内容和名称，为以后熟练操作奠定基础。

二、任务分析

界面是交互式 CAD/CAM 软件与用户进行信息交流的中介。CAXA 数控车系统界面和其他 Windows 风格的软件界面一样，各种应用功能通过菜单条和工具条驱动。状态栏指导用户进行操作，并提示当前状态和所处位置。导航栏记录了历史操作和相互关系。绘图区显示各种功能操作的结果。同时，绘图区和导航栏为用户提供了数据交互的功能，如图 1-1 所示。

1. 标题栏

标题栏位于工作界面的最上方，用来显示 CAXA 数控车的程序图标以及当前正在运行文件的名字等信息。如果是新建文件并且未经保存，则文件名显示为"无名文件"；如果文件经过保存或打开已有文件，则以存在的文件名显示文件。

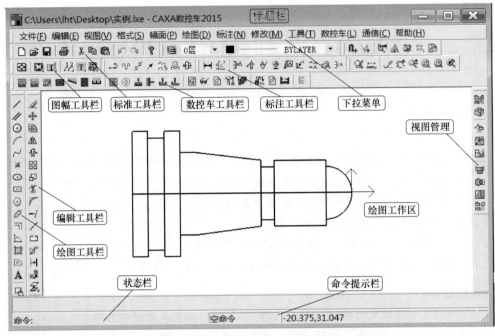

图 1-1　CAXA 数控车 2015 操作界面

2. 绘图区

① 绘图区是进行绘图设计的工作区域，位于屏幕的中心。它占据了屏幕的大部分面积，用户所有的工作结果都反映在这个窗口中。

② 在绘图区的中央设置了一个二维直角坐标系。该坐标系称为世界坐标系。它的坐标原点为（0.0000，0.0000）。

3. 主菜单

主菜单位于屏幕的顶部，它由一行菜单条及其子菜单组成。菜单条包括文件、编辑、视图、格式、幅面、绘图、标注、修改、工具和帮助等，每个部分都含有若干个下拉菜单，如图 1-2 所示。

图 1-2　主菜单

4. 立即菜单

立即菜单描述了该项命令执行的各种情况和使用条件。用户根据当前的作图要求，正确地选择某一选项，即可得到准确的响应。

5. 快捷菜单

光标处于不同的位置，右击会弹出不同的快捷菜单。

6. 弹出菜单

CAXA 数控车弹出菜单是用来调用当前命令状态下的子命令，通过空格键弹出。在不同的命令执行状态下可能有不同的子命令组，主要分为点工具组、矢量工具组、选择集合拾取工具组、轮廓拾取工具组和岛拾取工具组。如果子命令是用来设置某种子状态，CAXA数控车在状态条中显示提示用户。表 1-1 中列出了弹出菜单的功能。

表 1-1　弹出菜单的功能

弹出菜单项	说　明
点工具	确定当前选取点的方式,包括默认点、屏幕点、端点、圆心、切点、垂足点、最近点、刀位点等
矢量工具	确定矢量的选取方向,包括 X 轴正方向、X 轴负方向、Y 轴正方向、Y 轴负方向、Z 轴正方向、Z 轴负方向和端点矢量
选择集合拾取工具	确定集合的拾取方式,包括拾取添加、拾取所有、拾取取消、取消尾项和取消所有
轮廓拾取工具	确定轮廓的拾取方式,包括单个拾取、链拾取和限制链拾取等
岛拾取工具	确定岛的拾取方式,包括单个拾取、链拾取和限制链拾取等

7. 对话框

某些菜单选项要求用户以对话的形式予以回答,单击这些菜单时,系统会弹出一个对话框。用户可根据当前操作作出响应。

8. 工具栏

在工具栏中,可以通过单击相应的功能按钮进行操作,系统默认工具栏包括"标准"工具栏、"属性"工具栏、"常用"工具栏、"绘图工具"工具栏、"绘图工具Ⅱ"工具栏、"标注工具"工具栏、"图幅操作"工具栏、"设置"工具栏、"编辑工具"工具栏、"视图管理"工具栏、"数控车工具"工具栏、"设备"工具栏,如图 1-3 所示。

工具栏也可以根据用户自己的习惯和需求进行定义。CAXA数控车工具条中每一个按钮都对应一个菜单命令,单击按钮和单击菜单命令的效果是完全一样的。通过"鼠标键""回车键""功能热键""层设置""系统设置"和"自定义设置"等基本操作,可以有效地提高绘图效率。

图 1-3　工具栏

9. 状态栏

状态栏位于窗口最下面一行,左边用于对当前操作进行提示,中间部分显示当前工具状态,右边显示当前光标的坐标值。

用户在操作时,可根据状态栏的提示,一步步地进行操作。用户一定要看状态栏,并养成看状态栏的习惯。

三、任务实施

① 单击任意一个菜单项，都会弹出一个子菜单。

② 单击"修改"菜单项→"旋转"菜单项，系统会弹出旋转立即菜单，并在状态栏显示相应的操作提示和执行命令状态，如图 1-4 所示。

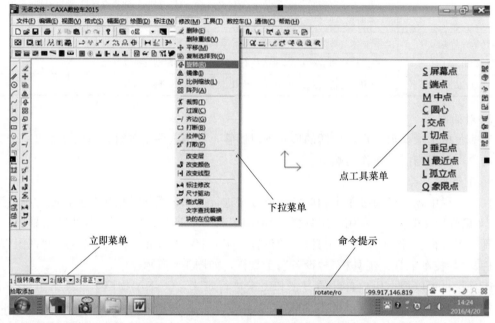

图 1-4　CAXA 数控车 2015 操作界面

③ 在立即菜单环境下，单击其中的某一项（例如"1. 两点线"）或按 ALT＋数字组合键（例如 ALT＋1 组合键），会在其上方出现一个选项菜单或者改变该项的内容。

④ 在这种环境下（工具菜单提示为"屏幕点"），使用空格键，屏幕上会弹出一个被称为"点工具菜单"的选项菜单。用户可以根据作图需要从中选取特征点进行捕捉。

⑤ 用绘制圆（circle）命令绘制外切圆，并利用工具点捕获进行作图，其操作顺序如下。

a. 单击"绘图"→"圆"菜单项，在立即菜单中单击其中两点半径项。

b. 当系统提示"第一切点"时按空格键，在点工具菜单中选取"切点"，拾取左边圆弧，捕获"切点 1"。

c. 当系统提示"下一切点"时按空格键，在点工具菜单中选取"切点"，拾取右边圆弧，捕获"切点 2"。

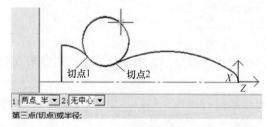

图 1-5　绘制外切圆弧

d. 当系统提示"第三点（切点）或半径"时，输入连接圆弧半径，按回车键，结束绘图，结果如图 1-5 所示。

四、知识拓展

1. 键盘键

键盘输入方式是由键盘直接输入命令或

数据。它适合于习惯键盘操作的用户。键盘输入要求用户熟悉了解软件的各条命令以及它们相应的功能，否则将给输入带来困难。实践证明，键盘输入方式比菜单选择输入方式的效率更高。

① 回车键和数值键。在 CAXA 数控车中，当系统要求输入点时，数值键可以输入坐标值。如果坐标值以 @ 开始，则表示相对于前一个输入点的相对坐标。回车键可以结束此命令。

② 空格键。弹出点工具菜单。例如，在系统要求输入点时，按空格键可以弹出点工具菜单。

③ 快捷键。CAXA 数控车为用户设置了若干个快捷键。其功能是利用这些键可以迅速激活相对应功能，以加快操作速度。快捷键功能如表 1-2 所示。

表 1-2　快捷键功能

方向键（↑ ↓ → ←）	在输入框中用于移动光标的位置，其他情况下用于显示平移图形
PageUp 键	显示放大
PageDown 键	显示缩小
Home 键	在输入框中用于将光标移至行首，其他情况下用于显示复原
End 键	在输入框中用于将光标移至行尾
Delete 键	删除
Shift＋鼠标左键	动态平移
Shift＋鼠标右键	动态缩放
F1 键	请求系统的帮助
F2 键	拖画时切换动态拖动值和坐标值
F3 键	显示全部
F4 键	指定一个当前点作为参考点，用于相对坐标点的输入
F5 键	当前坐标系切换开关
F6 键	点捕捉方式切换开关，它的功能是进行捕捉方式的切换
F7 键	三视图导航开关
F8 键	正交与非正交切换开关
F9 键	全屏显示和窗口显示切换开关

2．鼠标键

鼠标选择方式主要适合于初学者或是已经习惯于使用鼠标的用户。所谓鼠标选择就是根据屏幕显示出来的状态或提示，用鼠标光标去单击所需的菜单或者工具栏按钮。菜单或者工具栏按钮的名称与其功能相一致。选中了菜单或者工具栏按钮就意味着执行了与其对应的键盘命令。由于菜单或者工具栏选择直观、方便，减少了背记命令的时间。

在操作提示为"命令"时，使用鼠标右键和键盘回车键可以重复执行上一条命令，命令结束后会自动退出该命令。

3．点的输入

点是最基本的图形元素，点的输入是各种绘图操作的基础。因此，各种绘图软件都非常重视点的输入方式的设计，力求简单、迅速、准确。系统提供了点工具菜单，可以利用点工具菜单来精确定位一个点。激活点工具菜单用键盘的空格键。

（1）由键盘输入点的坐标

点在屏幕上的坐标有绝对坐标和相对坐标两种方式。它们在输入方法上是完全不同的，初学者必须正确地掌握它们。

绝对坐标的输入方法很简单，可直接通过键盘输入 X、Z 坐标，但 X、Z 坐标值之间必须用英文逗号隔开（例如"10,30"）。

相对坐标是指相对系统当前点的坐标，与坐标系原点无关。输入时，为了区分不同性质的坐标，CAXA 数控车对相对坐标的输入作了如下规定：输入相对坐标时必须在第一个数值前面加上一个符号@，以表示相对。例如输入"@50,70"，表示相对参考点来说，输入了一个 X 坐标增量为 50、Z 坐标增量为 70 的点。另外，相对坐标也可以用极坐标的方式表示。例如"@40<65"表示输入了一个相对当前点的极坐标（相对当前点的极坐标半径为40，半径与 X 轴的逆时针夹角为 $65°$）。

（2）鼠标输入点的坐标

鼠标输入点的坐标就是通过移动十字光标选择需要输入的点的位置。选中后按下鼠标左键，该点的坐标即被输入。鼠标输入的都是绝对坐标。用鼠标输入点时，应一边移动十字光标，一边观察屏幕底部的坐标显示数字的变化，以便尽快较准确地确定待输入点的位置。

鼠标输入方式与工具点捕捉配合使用可以准确地定位特征点，如端点、切点、垂足点等。用功能键 F6 可以进行捕捉方式的切换。

（3）工具点的捕捉

工具点就是在作图过程中具有几何特征的点，如圆心点、切点、端点等。所谓工具点捕捉就是使用鼠标捕捉点工具菜单中的某个特征点。

用户进入作图命令，需要输入特征点时，只要按下空格键，即在屏幕上弹出下列点工具菜单，如表 1-3 所示。

表 1-3　点工具菜单功能

屏幕点（S）	屏幕上的任意位置点
端点（E）	曲线的端点
中心（M）	曲线的中点
圆心（C）	圆或圆弧的圆心
交点（I）	两曲线的交点
切点（T）	曲线的切点
垂足点（P）	曲线的垂足点
最近点（N）	曲线上距离捕捉光标最近的点
孤立点（L）	屏幕上已存在的点
象限点（Q）	圆或圆弧的象限点

工具点的默认状态为屏幕点，用户在作图时拾取了其他点的状态，即在提示区右下角工具点状态栏中显示出当前工具点捕获的状态。但这种点的捕获一次有效，用完后立即自动回到"屏幕点"状态。

工具点的捕获状态的改变，也可以不用点工具菜单的弹出与拾取。用户在输入点状态的提示下，可以直接按相应的键盘字符（如"E"代表端点、"C"代表圆心等）进行切换。

在使用工具点捕获时，捕捉框的大小可用主菜单"工具"中菜单项"拾取设置"，在弹出的"拾取设置"对话框中预先设定。

当使用工具点捕获时，其他设定的捕获方式暂时被取消，这就是工具点捕获优先原则。

4. 右键直接操作

用户可以先拾取操作的对象（实体），后选择命令，进行相应的操作。该功能主要适用于一些常用的命令操作，提高交互速度，尽量减少作图中的菜单操作，使界面更为友好。

在无命令执行状态下，用鼠标左键或窗口拾取实体，被选中的实体将变成拾取加亮颜色（默认为红色），此时用户可单击任一被选中的元素，然后按下鼠标左键移动鼠标来随意拖动该元素。对于圆、直线等基本曲线，还可以单击其控制点来进行拉伸操作。进行了这些操作后，图形元素依然是被选中的，即依然是以拾取加亮颜色显示。系统认为被选中的实体为操作对象，此时按下鼠标右键，则弹出相应的命令菜单。如图1-6所示，单击菜单项，则将对选中的实体进行操作。拾取不同的实体（或实体组），将会弹出不同的功能菜单。

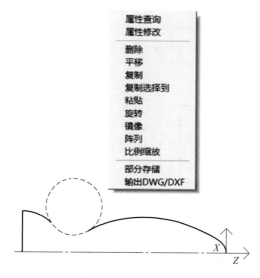

图1-6　右键功能菜单

任务二　　CAXA 数控车图层管理功能

一、任务导入

众所周知，一幅机械工程图样包含各种各样的信息，有确定图形形状的几何信息，也有表示线型、颜色等属性的非几何信息，还有各种尺寸和符号。这么多的内容集中在一张图样上，必然给设计绘图工作造成很大的负担。如果能把相关的信息集中在一起，或把某个零件、组件集中在一起单独绘制或编辑，当需要时又能够组合或单独提取，将使绘图设计工作进一步简化。图1-7所示为设置常用的粗实线、细画线、点画线、虚线、双点画线，为绘制工程图样所用。

图1-7　常用线型

二、任务分析

图层可以看作是一张张透明的薄片，图形和各种信息绘制存放在这些透明薄片上。在

CAXA数控车中可创建多个图层，但每一个图层必须有唯一的层名。不同的图层上可以设置不同的线型和颜色，所有的图层由系统统一定位，且坐标系相同，因此在不同图层上绘制的图形不会发生位置上的混乱。如图1-8～图1-10说明了图层的概念，在中心线图层上绘制中心线，在0线图层上绘制轮廓线，在虚线图层上绘制内孔线，组合结果如图1-10所示。

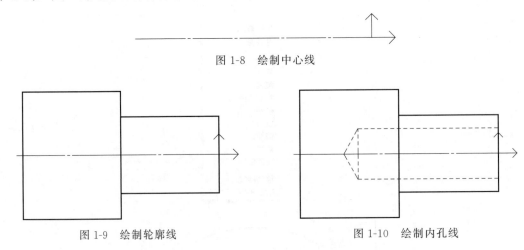

图1-8 绘制中心线

图1-9 绘制轮廓线   图1-10 绘制内孔线

各图层之间不但坐标系是统一的，而且其缩放系数也是一致的。因此，图层与图层之间可以完全对齐。一个图层上的某一标记点会自动精确地对应在各图层的同一位置点上。

图层是有状态的，它的状态也是可以改变的。图层的状态包括层名、层描述、线型、颜色、打开与关闭以及是否为当前层等。每一个图层都对应一种由系统设定的颜色和线型。系统规定，启动后的初始层为"0"层，它为当前层，线型为粗实线。可以通过主菜单中的"编辑"菜单更改图层中实体的线型和颜色。

三、任务实施

① 单击"属性"工具栏中的"层控制"按钮，弹出"层控制"对话框，如图1-11所示。在"层控制"对话框列表框中，用鼠标左键单击中心线图层后，再单击右侧的"设置当前图层"按钮，设置完成后单击"确定"按钮可结束操作。

② 单击"绘图工具"工具栏中"直线"按钮。单击立即菜单，在选项菜单中单击"两点线"。按立即菜单的条件和提示要求，用鼠标拾取两点，则一条直线被绘制出来。用鼠标右键终止此命令。

③ 同样在"层控制"对话框列表框中，用鼠标左键分别单击0层、细实线、点画线、虚线、双点画线图层后，绘制粗实线、细实线、点画线、虚线、双点画线，结果如图1-7所示。

四、知识拓展

1. 创建图层（layer）

① 单击"格式"子菜单中的"层控制"选项或"属性"工具栏中的"层控制"按钮，弹出"层控制"对话框，如图1-11所示。

② 单击"新建图层"按钮，这时在图层列表框的最下边一行可以看到新建图层。

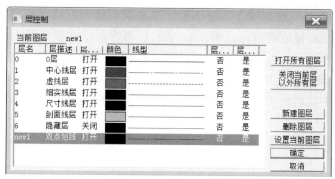

图 1-11　"层控制"对话框

③ 新建的图层颜色默认为白色，线型默认为粗实线。用户可修改新建图层的层名和层描述。

④ 单击"确定"按钮可结束新建图层操作。

⑤ 在"层控制"对话框列表框中，用鼠标左键单击所需的图层后，再单击右侧的"设置当前图层"按钮，设置完成后单击"确定"按钮可结束操作。

用户当前的操作都是在当前图层上进行的，因此当前图层也可称为活动图层。为了对已有的某个图层中的图形进行操作，必须将该图层置为当前图层。

为了便于用户使用，系统预先定义了 7 个图层。这 7 个图层的层名分别为"0层""中心线层""虚线层""细实线层""尺寸线层""剖面线层"和"隐藏层"，每个图层都按其名称设置了相应的线型和颜色。

2. 系统配置

系统配置功能是对系统常用参数和系统颜色进行设置，以便在每次进入系统时有一个默认的设置。其内容包括参数设置和颜色设置两类。

① 单击"工具"子菜单中的"选项"菜单项，弹出"系统配置"对话框。对话框有"参数设置""颜色设置""文字设置"和"DWG 接口设置"四个选项卡。

在"参数设置"选项卡中，可以设置系统的存盘间隔、查询结果小数位数的长度以及系统的最大实数，如图 1-12 所示。

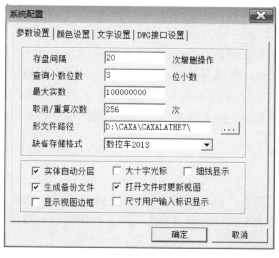

图 1-12　"参数设置"选项卡

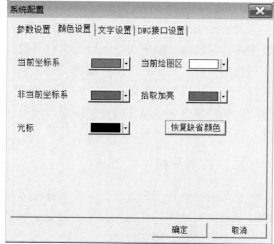

图 1-13　"颜色设置"选项卡

　　② 单击"颜色设置"选项卡,在对话框中显示出当前坐标系、非当前坐标系、当前绘图区、拾取加亮以及光标的颜色,如图1-13所示。用户可以在对话框中修改各项颜色的设置。在对话框中用户可以执行以下操作:设置常用颜色、设置更多颜色和恢复默认颜色。

　　③ 单击"文字设置"选项卡,在对话框中显示出标题栏文字的字型、中文默认字体、西文默认字体和文字显示最小单位,如图1-14所示。用户可以在对话框中修改各种字体的设置。

　　④ 单击"DWG接口设置"选项卡,在对话框中可以设置读入和输出DWG文件的参数,如图1-15所示。

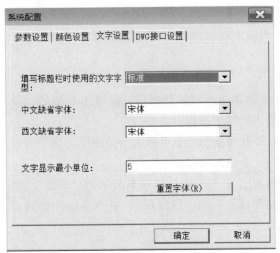

图1-14 "文字设置"选项卡

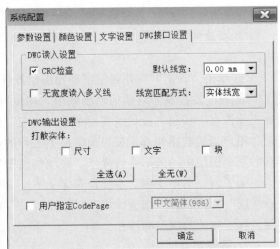

图1-15 "DWG接口设置"选项卡

任务三　CAXA 数控车视图控制

一、任务导入

　　为了便于绘图,CAXA数控车还为用户提供了一些控制图形的显示命令。一般来说,视图命令与绘制、编辑命令不同。它们只改变图形在屏幕上的显示方法,而不能使图形产生实质性的变化。它们允许用户按期望的位置、比例、范围等条件进行显示。但是,操作的结果既不改变原图形的实际尺寸,也不影响图形中原有实体之间的相对位置关系。如图1-16所示,在绘制小半径螺纹时,如果在普通显示模式下,因为窗口小而很难画出外螺纹,要用显示窗口命令将画外螺纹的位置局部放大。

二、任务分析

　　视图命令的作用只是改变了主观视觉效果,而不会引起图形产生客观的实际变化。图形的显示控制对绘图操作,尤其是绘制复杂视图和大型图样时具有重要作用,在图形绘制和编辑过程中要经常使用它们。

　　视图控制的各项命令安排在屏幕主菜单的"视图"菜单中,如图1-17所示。用窗口拾

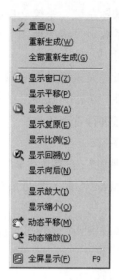

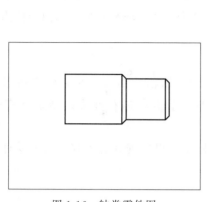

图 1-16　轴类零件图

图 1-17　视图控制命令

取螺杆部分，在屏幕绘图区内按尽可能大的原则显示，这样就可以较容易地绘制出外螺纹。

三、任务实施

在"视图"子菜单中选择"显示窗口"菜单项。按提示要求在所需位置输入显示窗口的第一个角点，输入后十字光标立即消失。此时在移动鼠标时，出现一个由方框表示的窗口，窗口大小可随鼠标的移动而改变。窗口所确定的区域就是即将被放大的部分。窗口的中心将成为新的屏幕显示中心。在该方式下，不需要给定缩放系数，CAXA 数控车将把给定窗口范围按尽可能大的原则，将选中区域内的图形按充满屏幕的方式重新显示出来。如图 1-18（a）所示拾取窗口，图 1-18（b）显示放大后的变换结果。

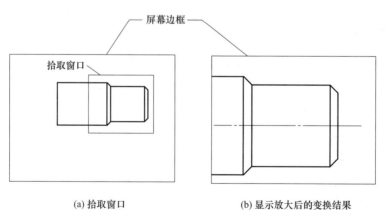

(a) 拾取窗口　　　　　　　　　　　(b) 显示放大后的变换结果

图 1-18　显示放大

四、知识拓展

1. 显示平移

单击"视图"子菜单中"显示平移"选项，然后按提示要求在屏幕上指定一个显示中心点，并按下鼠标左键。系统立即将该点作为新的屏幕显示中心将图形重新显示出来。本操作不改变缩放系数，只将图形作平行移动。

2. 重新生成

圆和圆弧等元素都是由一段一段的线段组合而成的，当图形放大到一定比例时会出现显示失真的效果。单击"视图"子菜单中"重新生成"命令，可以将显示失真的图形按当前窗口的显示状态进行重新生成。

3. 动态平移

单击"视图"子菜单中的"动态平移"选项，即可激活该功能，光标变成动态平移图标，按住鼠标左键，移动鼠标就能平行移动图形。单击鼠标右键可以结束动态平移操作。

另外，按住 Shift 键的同时按住鼠标左键拖动鼠标也可以实现动态平移，而且这种方法更加快捷、方便。

4. 动态缩放

单击"视图"子菜单中的"动态缩放"项，即可激活该功能，鼠标变成动态缩放图标，按住鼠标左键，鼠标向上移动为放大，向下移动为缩小；单击鼠标右键可以结束动态平移操作。

另外，按住 Shift 键的同时按住鼠标右键拖动鼠标也可以实现动态缩放，而且这种方法更加快捷、方便。

注意：鼠标的中键和滚轮也可控制图形的显示，中键为平移，滚轮为缩放。

任务四　CAXA 数控车基本操作实例

一、任务导入

CAXA 数控车按照国家标准的规定，在系统内部设置了 A0、A1、A2、A3、A4 5 种标准图幅以及相应的图框、标题栏和明细栏。图 1-19 所示为幅面菜单。本任务是给图 1-20 所示轴杆零件图加图框，并填写标题栏。

图 1-19　幅面菜单

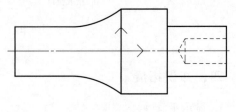

图 1-20　轴杆零件图

二、任务分析

绘制工程图样需要选好一张图纸的图幅、图框。国家标准中对机械制图的图纸大小作了统一规定，图纸尺寸大小共分为 5 个规格，并以如下的名称表示之：A0、A1、A2、A3、A4。

三、任务实施

① 单击"图幅设置"菜单项，系统弹出"图幅设置"对话框，设置 A4 标准图纸、图纸比例 1∶1、选择横放图纸方向，如图 1-21 所示。设置完后单击"确定"按钮，结果如图 1-22 所示。

② 单击"填写标题栏"选项，弹出"填写标题栏"对话框（见图 1-23），填写标题栏内容。

③ 在对话框中填写图形文件的标题栏的所有内容，单击"确定"按钮即可完成标题栏的填写，结果如图 1-24 所示。

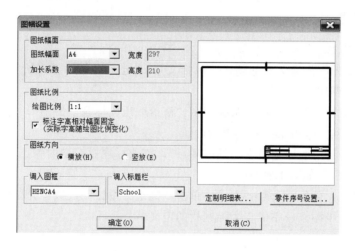

图 1-21　"图幅设置"对话框

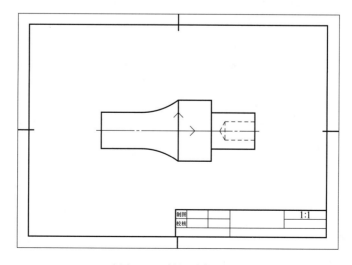

图 1-22　轴杆零件图幅

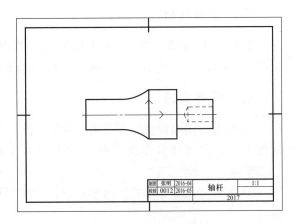

图 1-23　"填写标题栏"对话框　　　　　图 1-24　轴杆零件图

四、知识拓展

1. 定义标题栏

将已经绘制好的图形定义为标题栏（包括文字）。也就是说，系统允许将任何图形定义成标题栏文件以备调用。

① 单击"定义标题栏"菜单，系统提示"请拾取组成标题栏的图形元素"，拾取构成标题栏的图形元素，然后单击鼠标右键以示确认。

② 系统提示"请拾取标题栏表格的内环点"，拾取标题栏表格内一点，弹出"定义标题栏表格单元"对话框，如图 1-25 所示。

③ 选择表格单元名称以及对齐方式，单击"确定"按钮完成该单元格的定义。

④ 重复②、③步操作，完成整个标题栏的定义。

2. 填写标题栏

单击"填写标题栏"选项，弹出"填写标题栏"对话框，如图 1-26 所示。

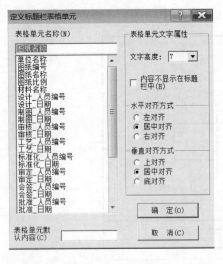

图 1-25　"定义标题栏表格单元"对话框　　　　　图 1-26　"填写标题栏"对话框

在对话框中填写图形文件的标题栏的所有内容，单击"确定"按钮即可完成标题栏的填写。其中标题栏的字高除默认的几种大小外，可以手动输入。

3. 背景设置

CAXA 数控车增加了背景设置，包括插入位图、编辑背景图片、删除背景图片、图片管理器等四项内容。

① 单击"幅面"菜单，选择"背景设置"命令中的"插入位图"，弹出"插入位图"对话框，选择位图的路径，单击"打开"按钮，背景图被插入，如图 1-27 所示。

② 单击"幅面"菜单，选择"背景设置"命令中的"编辑景图片"，系统提示"输入插入点:"。输入后操作提示变为"移动至:"，选取或输入平移位置。

图 1-27　插入背景图

③ 单击"幅面"菜单，选择"背景设置"命令中的"删除背景图片"，则背景图片被删除。

④ 单击"幅面"菜单，选择"背景设置"命令中的"图片管理器"，对已插入的图片进行编辑，可选择相对路径链接和嵌入图片。

项目小结

通过本项目主要学习CAXA数控车的工作环境及设定、基本操作和常用工具栏的使用，常见曲线的绘制，掌握数控车图层管理功能，学会分层绘制图素，体会在CAXA数控车中分层绘制不同类型图素的优点，掌握工具栏功能图标的操作方法，提高作图效率。

思考与练习

一、填空题

1. 工具菜单是将操作过程中频繁使用的命令选项，分类组合在一起而形成的菜单。当操作中需要某一特征量时，只要单击（　　）键，即在屏幕上弹出工具菜单。工具菜单包括（　　）工具菜单和（　　）工具菜单两种。

2. 在 CAXA 数控车系统的功能键中，请求系统帮助按（　　）键，草图器按（　　）键，显示全部图形按（　　）键。

3. CAXA 数控车为用户提供了查询功能，可以查询（　　）、（　　）、（　　）、（　　）等内容。

二、选择题

1. 工具菜单是将操作过程中频繁使用的命令选项，分类组合在一起而形成的菜单。当操作中需要某一特征量时，只要按下空格键，即在屏幕上弹出工具菜单。工具菜单包括（　　）两种。

A. 点工具菜单和选择集合工具菜单

B. 立即菜单和点工具菜单

C. 快捷菜单和选择集合工具菜单

2. 工具条是 CAXA 数控车提供的一种调用命令的方式，它包含多个由图标表示的命令按钮，单击这些图标按钮，可以调用相应的命令。CAXA 数控车提供的工具条有（　　）。

A. 标准工具、显示工具、曲线工具、状态工具条

B. 数控车、仿真控制、线面编辑

C. 以上两项都有

3. 鼠标左键的功能是（　　）。

A. 激活画直线

B. 确认拾取、结束操作或终止命令

C. 激活菜单、确定位置点或拾取元素

4. CAXA 数控车预定义了一些快捷键，其中"保存"用（　　）表示。

A. Ctrl＋O 组合键　　B. Ctrl＋S 组合键　　C. Alt＋X 组合键

三、判断题

1. 使用 CAXA 数控车 2015 软件进行自动编程，需建立被加工零件的实体模型。（　　）

2. 在 CAXA 数控车 2015 软件中，使用图层可以方便地将设计中的图形对象分类进行组织管理。（　　）

3. 被拾取过滤设置选中的元素将不会被拾取到。（　　）

4. 使用显示平移功能可以将图形元素方便地从图纸中的一个地方平移至所需位置。（　　）

四、简答题

1. CAXA 数控车界面由哪几部分组成？它们分别有什么作用？

2. 在 CAXA 数控车中，鼠标左键和鼠标右键的作用分别有哪些？

3. 在 CAXA 数控车中，当按下 F6 键时，屏幕显示将发生什么变化？

4. 如果某个功能栏不在 CAXA 数控车界面中，采用什么方法可以使它显示在界面中？

5. "新建"与"打开"、"保存"与"另存为"命令有何区别？

五、作图题

1. 在绘图区插入 A3 标题栏，设置并使用粗实线层、细实线层、虚线层画线。

2. 绘制图 1-28 所示零件的外圆轮廓线。

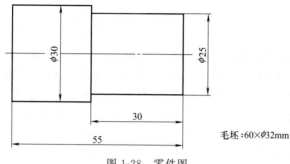

图 1-28　零件图

3. 绘制图 1-29 所示的五角星平面图。

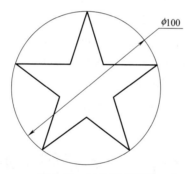

图 1-29　五角星平面图

项目二

CAXA 数控车为用户提供了功能齐全的作图方式，如点、直线、圆弧、样条、组合曲线等类型，利用它可以绘制各种各样复杂的工程图。同时 CAXA 数控车具有优秀的图形编辑功能，有拉伸、删除、裁剪、曲线过渡、曲线打断、曲线组合等图形编辑方法。此外，还提供了多种几何变换方式：平移、旋转、镜像、阵列、缩放等功能，使图形编辑方便快捷。平面图形绘制方法是学习 CAXA 数控车自动编程的重要基础，本项目通过典型绘图工作任务的学习，使读者快速掌握并熟练运用 CAXA 数控车绘图工具绘制简单平面图形。

【技能目标】

· 掌握 CAXA 数控车基本曲线的绘图方法。
· 掌握 CAXA 数控车高级曲线的绘图方法。
· 掌握 CAXA 数控车功能图标操作方法，提高作图效率。
· 掌握 CAXA 数控车绘制简单二维平面图形的方法。
· 掌握 CAXA 数控车平面图形编辑方法。
· 掌握 CAXA 数控车平面图尺寸标注方法。

任务一　多边形绘制

一、任务导入

CAXA 数控车以先进的计算机技术和简捷的操作方式来代替传统的手工绘图方法。CAXA 数控车为用户提供了功能齐全的作图方式，利用它可以绘制各种各样复杂的工程图样。本任务要求绘制图 2-1 所示的多边形平面图形。

二、任务分析

直线是图形构成的基本要素，而正确、快捷地绘制直线的关键在于点的选择。在 CAXA 数控车中拾取点时，可充分利用工具点、智能点、导航点、栅格点等功能。在点的输入时，一般以绝对坐标输入，但根据实际情况，还可以输入点的相对坐标和

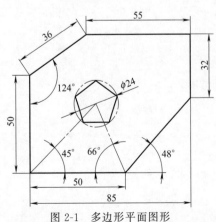

图 2-1　多边形平面图形

极坐标。本任务由多边形和各种角度线组成。

三、任务实施

1. 外六边形绘制

① 单击"绘图工具"工具栏中"直线"按钮 ✎，单击立即菜单中"1:"，在选项菜单中单击"两点线"；单击立即菜单中"3：非正交"，其内容变为"正交"；单击立即菜单中"5:"，输入长度"50"，如图 2-2 所示。捕捉坐标中心，绘制两段 50mm 的直线，如图 2-3 所示。

② 单击立即菜单中"3:"，其内容变为"非正交"，捕捉 A 点，输入极坐标"@36＜34"，如图 2-4 所示。按回车键完成斜线 AB 的绘制，如图 2-5 所示。

③ 重复①的方法，绘制长度为 55 的直线 BC 和长度为 32 的直线 CD，如图 2-6 所示。

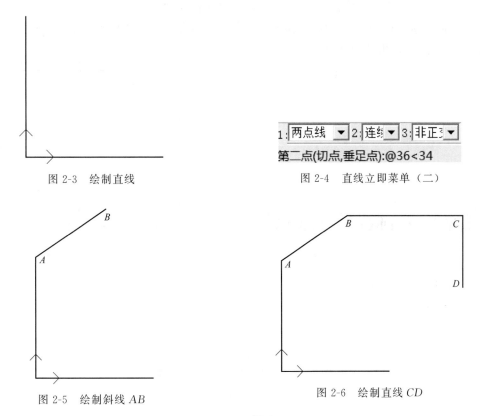

图 2-2 直线立即菜单（一）

图 2-3 绘制直线

图 2-4 直线立即菜单（二）

图 2-5 绘制斜线 AB

图 2-6 绘制直线 CD

④ 单击"绘图工具"工具栏中"直线"按钮 ✎，单击立即菜单中"1:"，在选项菜单中单击"角度线"；单击立即菜单中"3:"，其内容变为"到线"；单击立即菜单中"4:"，输入"48"，如图 2-7 所示。捕捉 E 点，拾取曲线 CD，完成斜线 ED 的绘制，如图 2-8 所示。

图 2-7 直线立即菜单（三）

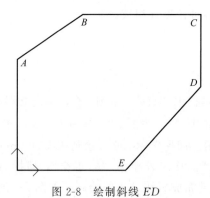

图 2-8 绘制斜线 *ED*

2. 内五边形绘制

① 单击 "格式" 菜单→ "层控制"，设置当前层为中心线层。

② 单击 "绘图工具" 工具栏中 "直线" 按钮 ⟋，单击立即菜单中 "1:"，在选项菜单中单击 "角等分线"；单击立即菜单中 "3:"，输入长度 "50"，如图2-9所示。捕捉第一条线 *OA*，捕捉第二条线 *OE*。采用同样做法，捕捉第一条线 *EO*，捕捉第二条线 *ED*，两角等分线相交于 *F* 点，结果如图 2-10 所示。

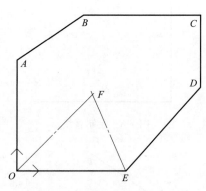

1:角等分线 ▼	:份数 2	3:长度 50

图 2-9 直线立即菜单（四）　　　　　　图 2-10 绘制五边形中心点

③ 单击 "绘图工具" 工具栏中的 "正多边形" 按钮 ⬡。如图 2-11 所示，在弹出的立即菜单 "1:" 中，选取 "中心定位" 方式；单击立即菜单中 "3:"，则可选择 "内接" 方式。捕捉五边形中心点 *F*，输入半径 12，结果如图 2-12 所示。

1:中心定 ▼	2:给定半 ▼	3:内接 ▼	:边数 5	5:旋转 0	6:无中心 ▼

图 2-11 多边形立即菜单

四、知识拓展

1. CAXA 数控车图形绘制命令介绍

CAXA 数控车将图形绘制分为两部分，即基本曲线的绘制和高级曲线的绘制。

基本曲线的绘制包括绘制直线、绘制平行线、绘制圆、绘制圆弧、绘制样条曲线、绘制点、绘制椭圆、绘制矩形、绘制正多边形、绘制中心线、绘制轮廓线、绘制公式曲线和绘制剖面线。用户可以通过图 2-13 所示的 "绘图" 菜单命令来调用这些绘制图形的命令，也可

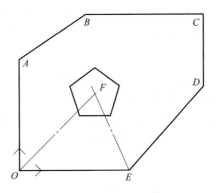

图 2-12　绘制五边形

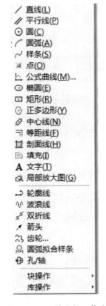
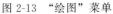

图 2-13　"绘图"菜单

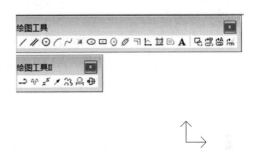

图 2-14　"绘图工具"工具栏

以在图 2-14 所示的"绘图工具"工具栏中调用这些绘制实体的命令。

此外，在制图中还经常绘制一些由简单图形元素组成并重复出现的图形。例如在图纸幅面有限的情况下，我们可以使用双折线表示省略部分；又例如在机械制图中我们会经常绘制不同的轴和孔，还有各种箭头。绘制这些图形常常需要进行大量的重复绘图操作。

CAXA 数控车提供的高级绘图命令，能帮助绘制轮廓线、波浪线、双折线、箭头、齿轮、圆弧拟合样条、孔和轴等图形。用户可以通过在图 2-14 所示的"绘图工具"工具栏中调用这些绘图命令。

2. 绘制直线

为了适应在各种情况下直线的绘制，CAXA 数控车提供了两点线、平行线、角度线、角等分线、切线/法线和等分线这六种方式。

（1）两点线

① 单击"绘图工具"工具栏中"直线"按钮，出现图 2-15 所示的绘制直线立即菜单。

② 单击立即菜单中"1:"，在立即菜单的上方弹出一个直线类型的选项菜单。选项菜单中的每一项都相当于一个转换开关，负责直线类型的切换。

③ 单击立即菜单中"2："，则该项内容由"连续"变为"单个"。其中"连续"表示每段直线段相互连接，前一段直线段的终点为下一段直线段的起点；而"单个"是指每次绘制的直线段相互独立，互不相关。

④ 单击立即菜单中"3：非正交"，其内容变为"正交"，它表示下面要画的直线为正交线段。所谓"正交线段"是指与坐标轴平行的线段。

⑤ 按立即菜单的条件和提示要求，用鼠标拾取两点，则一条直线被绘制出来。

⑥ 此命令可以重复进行，用鼠标右键终止此命令。

（2）平行线

绘制与已知线段平行的线段。

① 单击"绘图工具"工具栏中"平行线"按钮，出现图 2-16 所示的绘制平行线立即菜单。

图 2-15　绘制直线立即菜单

图 2-16　绘制平行线立即菜单

② 单击立即菜单中"1："，可以选择"偏移方式"或"两点方式"。

③ 选择偏移方式后，单击立即菜单中"2：单向"，其内容由"单向"变为"双向"。在双向条件下，可以画出与已知线段平行、长度相等的双向平行线段。当在单向模式下用键盘输入距离时，系统首先根据十字光标在所选线段的哪一侧来判断绘制线段的位置。

④ 选择两点方式后，可以单击立即菜单"2："来选择"点方式"或距离方式，根据系统提示即可绘制相应的线段。

⑤ 按照以上描述，选择"偏移方式"用鼠标拾取一条已知线段。拾取后，该提示改为"输入距离或点"。在移动鼠标时，一条与已知线段平行并且长度相等的线段被鼠标拖动着。待位置确定后按下鼠标左键，一条平行线段被画出（也可用键盘输入一个距离数值，这两种方法的效果相同）。

（3）角度线

按给定角度、给定长度画一条直线段。

① 单击"绘图工具"工具栏中"直线"按钮。图 2-17 所示为绘制角度线立即菜单。

图 2-17　绘制角度线立即菜单

② 单击立即菜单中"1："，从中选取"角度线"方式。

③ 单击立即菜单中"2："，弹出相应的立即菜单，用户可选择夹角类型。如果选择"直线夹角"，则表示画一条与已知直线段夹角为指定度数的直线段，此时操作提示变为"拾取直线"，待拾取一条已知直线段后，再输入第一点和第二点即可。

④ 单击立即菜单中"3：到点"，则内容由"到点"转变为"到线上"，即指定终点位置在选定直线上，此时系统不提示输入第二点，而是提示选定所到的直线。

⑤ 单击立即菜单中"4：角度"，则在操作提示区出现"输入实数"的提示。要求用户在

（-360，360）间输入一所需角度值。编辑框中的数值为当前立即菜单所选角度的默认值。

⑥ 按提示要求输入第一点，则屏幕画面上显示该点标记。此时，操作提示改为"输入长度或第二点"。如果由键盘输入一个长度数值并回车，则一条按用户设定的值而确定的直线段被绘制出来。如果是移动鼠标，则一条绿色的角度线随之出现。待鼠标光标位置确定后，按下鼠标左键则立即画出一条给定长度和倾角的直线段。

⑦ 本操作也可以重复进行，用鼠标右键可终止本操作。

（4）角等分线

按给定等分份数、给定长度画条直线段将一个角等分。

① 单击"绘图工具"工具栏中"直线"按钮。图2-18所示为绘制角等分线立即菜单。

图2-18　绘制角等分线立即菜单

② 单击立即菜单中"1："，从中选取"角等分线"方式。

③ 单击立即菜单中"2：份数"，则在操作提示区出现"输入实数"的提示。要求用户输入一所需等分的份数值。编辑框中的数值为当前立即菜单所选角度的默认值。

④ 单击立即菜单中"3：长度"，则在操作提示区出现"输入实数"的提示。要求用户输入一等分线长度值。编辑框中的数值为当前立即菜单所选角度的默认值。

（5）切线/法线

过给定点作已知曲线的切线或法线。

① 单击"绘图工具"工具栏中"直线"按钮。图2-19所示为绘制切线/法线立即菜单。

图2-19　绘制切线/法线立即菜单

② 单击立即菜单中"1："，从中选取"切线/法线"方式。

③单击立即菜单中"2：切线"，则该项内容变为"法线"。按改变后的立即菜单进行操作，将画出一条与已知直线相垂直的直线。

④ 单击立即菜单中"3：非对称"，是指选择的第一点为所要绘制直线的一个端点，选择的第二点为另一端点。若选择该项，则该项内容切换为"对称"，这时选择的第一点为所要绘制直线的中点，第二点为直线的一个端点。

⑤ 单击立即菜单中"4：到点"，则该项目变为"到线上"，表示画一条到已知线段为止的切线或法线。

⑥ 按当前提示要求用鼠标拾取一条已知直线，选中后该直线呈红色显示，操作提示变为"第一点"。用鼠标在屏幕的给定位置指定一点后，提示又变为"第二点或长度"，此时移动光标时，一条过第一点与已知直线段平行的直线段生成，其长度可由鼠标或键盘输入数值决定。

⑦ 如果用户拾取的是圆或圆弧，也可以按上述步骤操作，但圆弧的法线必在所选第一点与圆心所决定的直线上，而切线垂直于法线。

（6）等分线

在"直线"→"等分线"功能中，拾取两条直线段，即可在两条线间生成一系列的线，这些线将两条线之间的部分等分成 n 份。图 2-20 所示为绘制等分线立即菜单。

图 2-20　绘制等分线立即菜单

3.绘制多边形

① 单击"绘图工具"工具栏中的"正多边形"按钮 ，出现图 2-21 所示绘制多边形立即菜单。在弹出的立即菜单中"1:"中，选取"中心定位"方式。

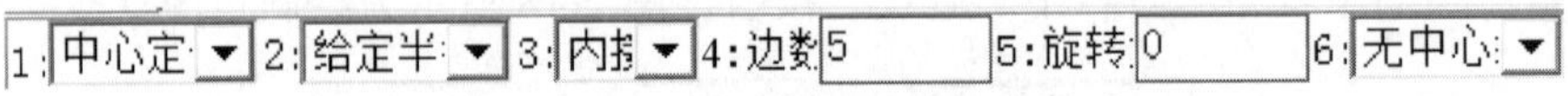

图 2-21　绘制多边形立即菜单

② 如果单击立即菜单中"2:"，可选择"给定半径"方式或"给定边长"方式。若选"给定半径"方式，则用户可根据提示输入正多边形的内切（或外接）圆半径；若选"给定边长"方式，则输入每一边的长度。

③ 如果单击立即菜单中"3:"，则可选择"内接"或"外切"方式，表示所画的正多边形为某个圆的内接或外切正多边形。

④ 单击立即菜单中"4:边数"，则可按照操作提示重新输入待画正多边形的边数。边数的范围是 2～36 之间的整数。

⑤ 单击立即菜单中"5:旋转角"，用户可以根据提示输入一个新的角度值，以决定正多边形的旋转角度。

⑥ 立即菜单项中的内容全部设定完后，用户可按提示要求输入一个中心点，则提示变为"圆上一点或内接（外切）圆半径"。如果输入一个半径值或输入圆上一个点，则由立即菜单所决定的内接正六边形被绘制出来。点与半径的输入既可用鼠标也可用键盘来完成。

任务二　螺杆绘制

一、任务导入

成形面类零件通常是由若干段直径不同的圆柱体和圆弧面组成的。为了连接齿轮、带轮等零件，在轴上常有键槽、销孔、固定螺钉和凹坑等。本任务要求绘制图 2-22 所示螺杆零件的轮廓图。

二、任务分析

图 2-22 所示为千斤顶上的螺杆零件，需要绘制圆和圆弧面等，可利用数控车 2015 软件中的直线、圆和圆弧等命令来完成。

三、任务实施

① 单击"绘图工具"工具栏中"直线"按钮 ，单击立即菜单中"1:"，在选项菜单

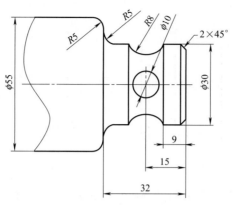

图 2-22　螺杆零件图

中单击"两点线"；单击立即菜单中"3：非正交"，其内容变为"正交"；单击立即菜单中"5："，输入长度"13"。捕捉坐标中心，绘制两段 13mm 的直线，然后单击立即菜单中"3："，其内容变为"非正交"，捕捉 13mm 直线的上端点，输入相对坐标"@-2，2"完成上边倒角斜线，同样捕捉 13mm 直线的下端点，输入相对坐标"@-2，-2"完成下边倒角斜线，用"两点线"连接其他线，结果如图 2-23 所示。

　　② 单击"绘图工具"工具栏中的"等距线"按钮 ⊐。在弹出的立即菜单中选择"单个拾取"。在立即菜单"2："中可选择"指定距离"，在立即菜单"3："中可选取"单向"。在立即菜单"5：距离"，按照提示输入等距线与原直线的距离 12，按系统提示拾取曲线，选择方向向左，等距线可自动绘出。采用同样方法绘制与原直线的距离为 6 的等距线，如图 2-24 所示。

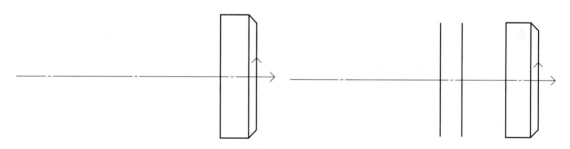

图 2-23　绘制直线及倒角　　　　　　　　图 2-24　绘制等距线

　　③ 单击"绘图工具"工具栏中的"圆弧"按钮 ⌒。单击立即菜单"1："，从中选取"两点_半径"选项。按提示要求捕捉完第一点和第二点后，移动光标，圆弧发生变化。在确定圆弧大小后，输入一个半径值 8，按下鼠标右键，结束本操作，如图2-25 所示。

　　④ 单击"绘图工具"工具栏中的"等距线"按钮 ⊐。在立即菜单中"5：距离"，按照提示输入等距线与原直线的距离 5，按系统提示拾取曲线，选择方向向左，等距线可自动绘出。用两点线将等距线上下各延长 5mm，然后单击"绘图工具"工具栏中的"圆弧"按钮 ⌒。单击立即菜单"1："，从中选取"两点_半径"选项。按提示完成半径值 5 的圆弧，如图 2-26 所示。

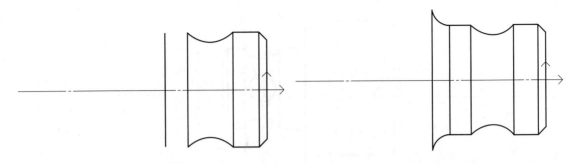

图 2-25　绘制 $R8$ 的圆弧　　　　　　图 2-26　绘制 $R5$ 的圆弧（一）

⑤ 单击"绘图工具"工具栏中的"等距线"按钮 。在立即菜单中"5：距离"，按照提示输入等距线与原直线的距离 5，按系统提示拾取曲线，选择方向向左，等距线可自动绘出。用两点线将左边的等距线上下各延长 10mm，右边的等距线上下各延长 5mm，然后单击"绘制工具"工具栏中的"圆弧"按钮 。单击立即菜单中"1："，从中选取"两点_半径"选项。按提示完成半径值 5 的圆弧，如图 2-27 所示。

⑥ 用两点线将上下平线各延长 10mm，单击"绘图工具"工具栏中的"样条"按钮 。按系统提示，用鼠标捕捉输入一系列控制点，完成样条曲线的绘制，如图 2-28 所示。

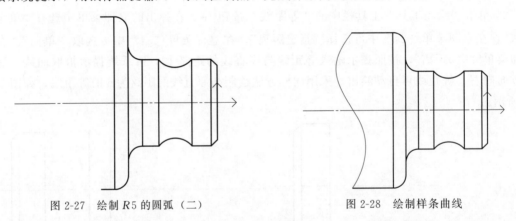

图 2-27　绘制 $R5$ 的圆弧（二）　　　　图 2-28　绘制样条曲线

⑦ 单击"绘图工具"工具栏中的"圆"按钮 。单击立即菜单中"1："，选择"圆心_半径"项。输入圆心坐标"（−15，0）"，由键盘输入所需半径数值 5，并按回车键，完成 $R5$ 圆的绘制，如图 2-29 所示。

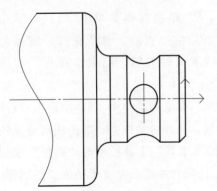

图 2-29　绘制 $R5$ 的圆

四、知识拓展

1. 绘制圆弧

（1）过三点画圆弧

过三点画圆弧，其中第一点为起点，第三点为终点，第二点决定圆弧的位置和方向。

① 单击"绘图工具"工具栏中的"圆弧"按钮 。

② 单击立即菜单中"1："，则在其上方弹出一个表明圆弧绘制方法的选项菜单。选项菜单中的每一项

都是一个转换开关，负责对绘制方法进行切换。在菜单选项中选"三点圆弧"。

③ 按提示要求指定第一点和第二点，与此同时，一条过上述两点及过光标所在位置的三点圆弧已经被显示在画面上。移动光标，正确选择第三点位置，并按下鼠标左键，则一条圆弧线被绘制出来。在选择这三个点时，可灵活运用工具点、智能点、导航点、栅格点等功能。用户还可以直接用键盘输入点坐标。

④ 此命令可以重复进行，用鼠标右键终止此命令。

（2）由圆心、起点、圆心角或终点画圆弧

已知圆心、起点及圆心角或终点画圆弧。

① 单击"绘图工具"工具栏中的"圆弧"按钮 。

② 单击立即菜单中"1:"，在菜单中选择"圆心 _ 起点 _ 圆心角"选项。

③ 按提示要求输入圆心和圆弧起点，提示又变为"圆心角或终点（切点）"，输入一个圆心角数值或输入终点，则圆弧被画出，也可以用鼠标拖动进行选取。

④ 此命令可以重复进行，用鼠标右键终止此命令。

（3）已知两点、半径画圆弧

已知两点及圆弧半径画圆弧。

① 单击"绘图工具"工具中栏中的"圆弧"按钮 。

② 单击立即菜单中"1:"，从中选取"两点 _ 半径"选项。

③ 按提示要求输入第一点和第二点后，系统提示又变为"第三点或半径"。此时如果输入一个半径值，则系统首先根据十字光标当前的位置判断绘制圆弧的方向，判定规则是：十字光标当前位置处在第一、二两点所在直线的哪一侧，则圆弧就绘制在哪一侧。同样的两点1和2，由于光标位置的不同，可绘制出不同方向的圆弧。然后系统根据两点的位置、半径值以及刚判断出的绘制方向来绘制圆弧。如果在输入第二点以后移动鼠标，则在画面上出现一段由输入的两点及光标所在位置点构成的三点圆弧。移动光标，圆弧发生变化，在确定圆弧大小后，按下鼠标左键，结束本操作。

（4）已知圆心、半径、起终角画圆弧

由圆心、半径和起终角画圆弧。

① 单击"绘图工具"工具栏中的"圆弧"按钮 。

② 单击立即菜单中"1:"，从中选取"圆心 _ 半径 _ 起终角"选项。

③ 单击立即菜单中"2:半径"，提示变为"输入实数"。其中编辑框内数值为默认值，用户可通过键盘输入半径值。

④ 单击立即菜单中的"3:"或"4:"，用户可按系统提示输入起始角或终止角的数值，其范围为 $-360°\sim360°$。一旦输入新数值，立即菜单中相应的内容会发生变化。这里注意起始角和终止角均是从 X 正半轴开始，逆时针旋转为正，顺时针旋转为负。

⑤ 立即菜单表明了待画圆弧的条件。按提示要求输入圆心点，此时一段圆弧随光标的移动而移动。圆弧的半径、起始角、终止角均为用户刚设定的值。待选好圆心点位置后。按下鼠标左键，则该圆弧被显示在画面上。

（5）已知起点、终点、圆心角画圆弧

已知起点、终点、圆心角画圆弧。

① 单击"绘图工具"工具栏中的"圆弧"按钮 。

② 单击立即菜单中"1:"，从中选取"起点 _ 终点 _ 圆心角"选项。

③ 先单击立即菜单中"2：圆心角"，根据系统提示输入圆心角的数值，范围是 $-360°\sim360°$（其中负角表示从起点到终点按顺时针方向作圆弧，而正角是从起点到终点逆时针作圆弧）。数值输入完后按回车键确认。

④ 按系统提示输入起点和终点。

（6）已知起点、半径、起终角画圆弧

由起点、半径和起终角画圆弧。

① 单击"绘图工具"工具栏中的"圆弧"按钮 。

② 单击立即菜单中的"1:"，从中选取"起点 _ 半径 _ 起终角"项。

③ 单击立即菜单中的"2:"，用户可以按照提示输入半径值。

④ 单击立即菜单中的"3:"或"4:"，用户按照系统提示分别输入起始角或终止角的数值。输入完毕后，立即菜单中的条件也将发生变化。

⑤ 立即菜单表明了待画圆弧的条件。按提示要求输入一起点和一段半径，起始角、终止角均为用户设定值的圆弧被绘制出来。起点可由鼠标或键盘输入。

2. 绘制圆

（1）已知圆心、半径画圆

已知圆心和半径画圆。

① 单击"绘图工具"工具栏中的"圆"按钮 。

② 单击立即菜单中"1:"，弹出绘制圆的选项菜单，其中每一项都为一个转换开关，可对不同画圆方法进行切换，这里选择"圆心 _ 半径"项。

③ 按提示要求输入圆心，提示变为"输入半径或圆上一点"。此时，可以直接由键盘输入所需半径数值，并按回车键；也可以移动光标，确定圆上的一点，并按下鼠标左键。

④ 若用户单击立即菜单中"2:"，则显示内容由"半径"变为"直径"。输入完圆心后，系统提示变为"输入直径或圆上一点"，用户由键盘输入的数值为圆的直径。

⑤ 此命令可以重复操作，用鼠标右键结束操作。

⑥ 根据不同的绘图要求，可在立即菜单中选择是否出现中心线，系统默认为无中心线。此命令在圆的绘制中皆可选择。

（2）两点画圆

通过两个已知点画圆，这两个已知点之间的距离为直径。

① 单击"绘图工具"工具栏中的"圆"按钮 。

② 单击立即菜单中"1:"，从中选择"两点"选项。

③ 按提示要求输入第一点和第二点后，一个完整的圆被绘制出来。

④ 此命令可以重复操作，用鼠标右键结束操作。

（3）三点画圆

过已知三点画圆。

① 单击"绘图工具"工具栏中的"圆"按钮 。

② 单击立即菜单中"1:"，从中选择"三点"项。

③ 按提示要求输入第一点、第二点和第三点后，一个完整的圆被绘制出来。在输入点时可充分利用智能点、栅格点、导航点和工具点。

④ 此命令可以重复操作，用鼠标右键结束操作。

（4）两点＿半径画圆

过两个已知点和给定半径画圆。

① 单击"绘图工具"工具栏中的"圆"按钮 ⊕。

② 单击立即菜单中"1:"，从中选择"两点＿半径"选项。

③ 按提示要求输入第一点、第二点后，用鼠标或键盘输入第三点或由键盘输入一个半径值，一个完整的圆被绘制出来。

④ 此命令可以重复操作，用鼠标右键结束操作。

3. 绘制等距线

绘制给定曲线的等距线。CAXA 数控车具有链拾取功能，它能把首尾相连的图形元素作为一个整体进行等距，这将大大加快作图过程中某些薄壁零件剖面的绘制。

① 单击"绘图工具"工具栏中的"等距线"按钮 ⊐，出现图 2-30 所示的等距线立即菜单。等距功能默认为指定距离方式。

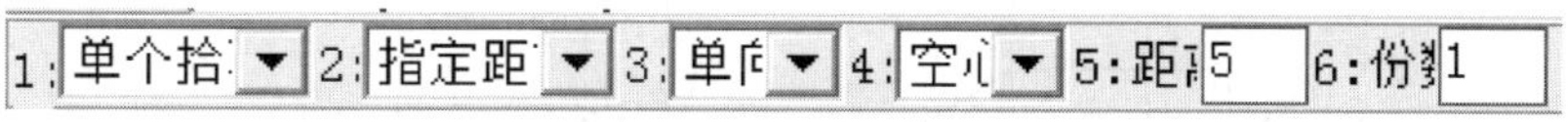

1:单个拾▼ 2:指定距▼ 3:单向▼ 4:空心▼ 5:距离5 6:份数1

图 2-30　等距线立即菜单

② 用户可以在弹出的立即菜单中选择"单个拾取"或"链拾取"。若是单个拾取，则只选中一个元素；若是链拾取，则与该元素首尾相连的元素也一起被选中。

③ 在立即菜单"2:"中可选择"指定距离"或者"过点方式"。"指定距离"方式是指选择箭头方向确定等距方向，给定距离的数值来生成给定曲线的等距线；"过点方式"是指通过某个给定的点生成给定曲线的等距线。

④ 在立即菜单"3:"中可选取"单向"或"双向"选项。"单向"是指只在用户选择直线的一侧绘制，而"双向"是指在直线两侧均绘制等距线。

⑤ 在立即菜单"4:"中可选择"空心"或"实心"。"实心"是指原曲线与等距线之间进行填充；而"空心"方式只画等距线，不进行填充。

⑥ 如果是"指定距离"方式，则单击立即菜单中"5：距离"，可按照提示输入等距线与原直线的距离，编辑框中的数值为系统默认值。

⑦ 在立即菜单"1:"中选择"单个拾取"，如果是"指定距离"方式，单击立即菜单中"6：份数"，则可按系统提示输入份数。比如设置份数为 3，距离为 5，则从拾取的曲线开始，每隔 5mm 绘制一条等距线，一共绘制 3 条。如果是"过点方式"方式，单击立即菜单中"5：份数"，按系统提示输入份数，则从拾取的曲线开始生成以点到直线的垂直距离为等距离的多条等距线。

⑧ 立即菜单项设置好以后，按系统提示拾取曲线，选择方向（若选"双向"方式则不必选方向），等距线可自动绘出。

⑨ 此命令可以重复操作，用鼠标右键结束操作。

4. 绘制样条曲线

生成过给定顶点（样条插值点）的样条曲线。点的输入可由鼠标输入或由键盘输入。也可以从外部样条数据文件中直接读取样条。

① 单击"绘图工具"工具栏中的"样条"按钮 ∿。

② 若在立即菜单中选取"直接作图"，则用户按系统提示，用鼠标或键盘输入一系列控制点，一条光滑的样条曲线自动画出。

③ 若在立即菜单中选取"从文件读入"，则屏幕弹出"打开样条数据文件"对话框，从中可选择数据文件，单击"确认"按钮后，系统可根据文件中的数据绘制出样条。

任务三　双曲线回转体绘制

一、任务导入

公式曲线就是数学表达式的曲线图形，亦即根据数学公式（或参数表达式）绘制出相应的数学曲线。本任务主要是画出图 2-31 中的双曲线凹形曲面部分。

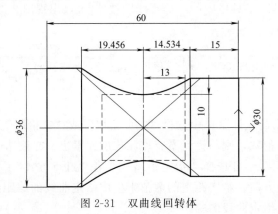

图 2-31　双曲线回转体

二、任务分析

用户输入的公式可以是用直角坐标形式或极坐标形式给出的。公式曲线为用户提供一种更方便、更精确的作图手段，以适应某些精确型腔、轨迹线型的作图设计。用户只要交互输入数学公式，并给定参数，计算机便会自动绘制出该公式描述的曲线。绘制凹形双曲线曲面要用双曲线方程，例如图 2-31 所示双曲线为焦点在 X 轴上的双曲线，经推导方程为 $X = 10 \times \mathrm{sqrt}[1 + Z \times Z / (13 \times 13)]$。

三、任务实施

① 打开 CAXA 数控车 2015 软件，单击"绘图工具"工具栏中"直线"按钮，弹出直线立即菜单，设置为如图 2-32 所示。用鼠标拾取两点，绘制如图 2-33 所示的直线。

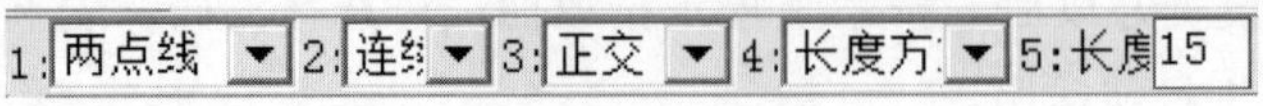

1:两点线 ▼	2:连续 ▼	3:正交 ▼	4:长度方 ▼	5:长度 15

图 2-32　直线立即菜单

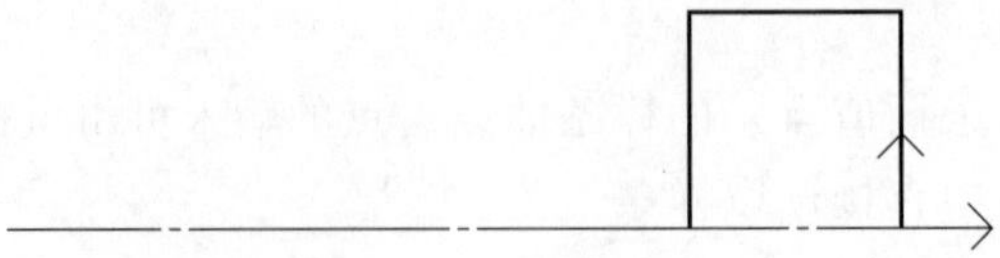

图 2-33　直线绘制

② 单击"绘图工具"工具栏中的"等距线"按钮 ⌐，出现图 2-34 所示的等距线立即菜单。

单击立即菜单，设置等距距离，绘制等距线，再用直线命令绘制右边的图线，如图 2-35 所示。

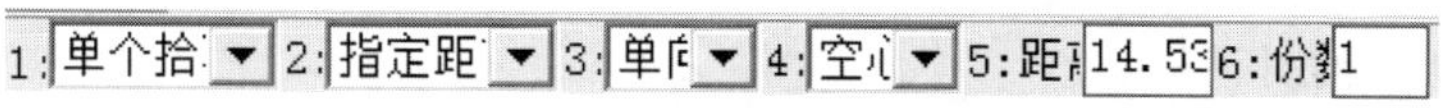

图 2-34　等距线立即菜单

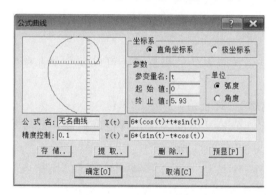

图 2-35　绘制等距线

③ 单击"绘图工具"工具栏中的"公式曲线"按钮 ，屏幕上将弹出"公式曲线"对话框，如图 2-36 所示。

④ 填写双曲线方程参数数据，如图 2-37 所示。

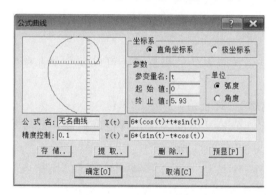

图 2-36　"公式曲线"对话框

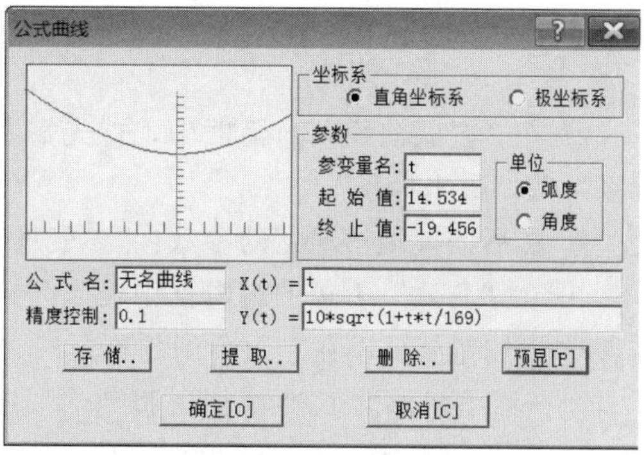

图 2-37　双曲线方程参数填写

⑤ 单击"确定"按钮，按照系统提示输入定位点以后，用鼠标捕捉图 2-38 中的 *A* 点，双曲线就绘制出来了，结果如图 2-38 所示。

⑥ 单击并选择"修改"下拉菜单中的"镜像"命令或在"编辑工具"工具栏单击"镜像"按钮 。这时系统弹出相应的立即菜单，按系统提示拾取要镜像的图形（可单个拾取，也可用窗口拾取），拾取到的图形变为亮红色显示，拾取完成后按鼠标右键加以确认。用鼠标拾取一条作为镜像操作的对称轴线，拾取到的图形就被对称地复制出来。删除不需要的线，结果如图 2-39 所示。

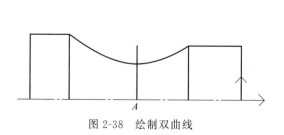

图 2-38　绘制双曲线

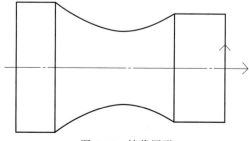

图 2-39　镜像图形

四、知识拓展

1. 公式曲线

① 选择"绘图"→"公式曲线"命令，或者在"绘图工具"工具栏上单击 按钮，系统将弹出图 2-40 所示的对话框。

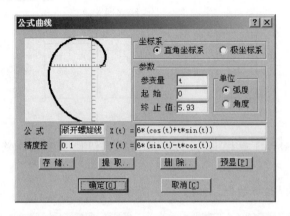

图 2-40 "公式曲线"对话框

② 在"公式曲线"对话框中，首先需要确定公式所表达的坐标系，可以设为"直角坐标系"或"极坐标系"。

③ 然后需要填写给定的参数："参变量""起始""终止值"以及"单位"。

④ 在"公式"下边的编辑框中输入公式名称、公式具体的表达式及精度控制，最后单击 预显[P] 按钮就可以在左上角的预览框看到曲线，如图 2-41 所示。

对话框中还提供了 存储.. 、 提取.. 、 删除.. 三个按钮。单击 存储.. 按钮可以保存当前曲线的公式， 提取.. 按钮和 删除.. 按钮都是对已存在的曲线进行操作。单击相应的按钮，即可列出 CAXA 数控车 2015 曲线公式库中所有已存在的曲线，选中相应的曲线公式后，即可执行与该按钮相应的提取或者删除操作，如图 2-42 所示。

⑤ 设定好曲线公式参数，单击 确定[O] 按钮，按系统提示输入定位点以后，即可完成公式曲线的绘制，如图 2-42 所示。

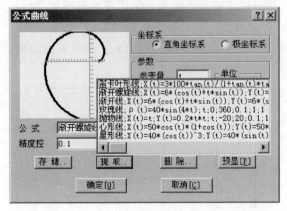

图 2-41 曲线公式库

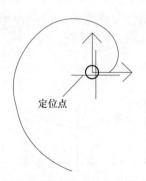

定位点

图 2-42 以坐标原点为定位点绘制公式曲线

2. 双曲线标准方程

平面内与两定点 F_1、F_2 的距离的差的绝对值等于常数 $2a$（$2a$ 小于 $|F_1F_2|$）的点的轨迹称为双曲线。

形式一：

$$\frac{x^2}{a^2} - \frac{y^2}{b^2} = 1 \ (a > 0, \ b > 0)$$

说明：此方程表示焦点在 X 轴上的双曲线。焦点是 F_1（$-c$，0）、F_2（c，0），这里 $c^2 = a^2 + b^2$。

形式二：

$$\frac{y^2}{a^2} - \frac{x^2}{b^2} = 1 \ (a > 0, \ b > 0)$$

说明：此方程表示焦点在 Y 轴上的双曲线，焦点是 F_1（0，$-c$）、F_2（0，c），这里 $c^2 = a^2 + b^2$。

3. 绘制矩形

系统为用户提供了两种绘制矩形的方式：两角点方式与长度和宽度方式。选择"绘图"→"矩形"命令，或者在"绘图工具"工具栏上单击 按钮，即可启动绘制矩形命令。

① 执行矩形绘制命令后，在"1："下拉列表框中选择"长度和宽度"，如图 2-43 所示。

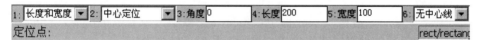

图 2-43 选择"长度和宽度"方式

② 在"2："下拉列表框中选择不同的定位方式："中心定位"是以矩形的中心为定位点绘制矩形，"顶边中点"是以矩形上顶边的中点定位绘制矩形，"左上角点定位"是以矩形左上的角点为定位点绘制矩形。

③ 在"3：角度"文本框中输入旋转角度，以确定矩形的方向。

④ 在"4：长度"文本框中输入欲绘制矩形的长度。

⑤ 在"5：宽度"文本框中输入欲绘制矩形的宽度。

⑥ 在"6："下拉列表框中选择确定绘制的矩形是否带中心线。

在操作过程中，在定位点尚未确定之前，随光标的移动会出现一个大小动态变化的矩形。用鼠标或者键盘输入定位点后，即可以该点为中心，绘制出指定长度和宽度的矩形。

任务四　键槽断面图绘制

一、任务导入

在生产实际中，机械零件的形状多种多样。为了完整、清晰地表达零件的内外形状和结构，往往需要一组视图。国家标准《机械制图》规定的表达方法有视图、剖视图和断面图等。视图主要用来表达机件的外部形状，剖视图主要用来表达机件的内部形状，断面图主要用来表达机件某一断面的形状，本任务将主要介绍使用 CAXA 数控车 2015 绘制图 2-44 所示断面图的方法。

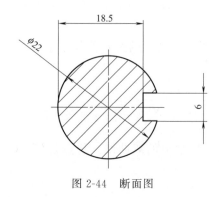

图 2-44　断面图

二、任务分析

CAXA 数控车 2015 提供了直线、圆、剖面线等的绘制功能，利用该功能可以绘制断面图；也可利用 CAXA 数控车 2015 提供的库操作功能，提取轴截面符号断面图（这种方法简单快捷）。

三、任务实施

1. 利用一般方法绘制断面图

① 单击"属性"工具栏中的"层控制"按钮，弹出"层控制"对话框，如图 2-45（a）所示。在"层控制"对话框列表框中，用鼠标左键单击中心线图层后，再单击右侧的"设置当前图层"按钮，设置完成后单击"确定"按钮可结束操作。

② 单击"绘图工具"工具栏中"直线"按钮，弹出直线立即菜单，在选项菜单中单击"两点线"。按立即菜单的条件和提示要求，用鼠标拾取两点，绘制十字中心线，用鼠标右键终止此命令，结果如图 2-45（b）所示。

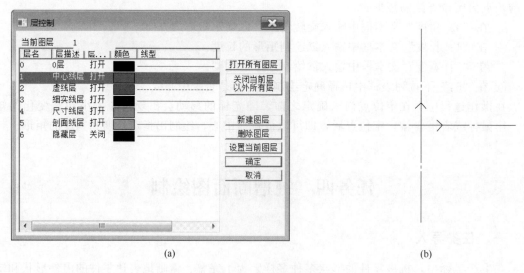

(a) (b)

图 2-45　绘制中心线

③ 单击"属性"工具栏中的"层控制"按钮，弹出"层控制"对话框，如图 2-46（a）所示。在"层控制"对话框列表框中，用鼠标左键单击粗实线图层后，再单击右侧的

"设置当前图层"按钮，设置完成后单击"确定"按钮可结束操作。

④ 单击"绘图工具"工具栏中的"圆"按钮 ⊕ 。在立即菜单"1:"中，选择"圆心 _ 半径"选项。输入圆心坐标（0，0），由键盘输入所需直径数值22，并按回车键，完成圆的绘制，如图2-46（b）所示。

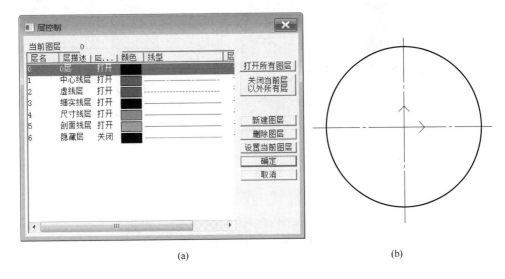

(a)　　　　　　　　　　　　　　(b)

图2-46　绘制圆

⑤ 单击"绘图工具"工具栏中的"等距线"按钮 ⊓ 。在立即菜单"5:距离"，按照提示输入等距线与原直线的距离3，按系统提示拾取曲线，选择方向向上、向下、等距线可自动绘出。同理作距离为7.5的等距线，结果如图2-47所示。

⑥ 单击"编辑工具"工具栏中的"裁剪"按钮 ✄ ，用鼠标左键单击不需要的线，结果如图2-48所示。

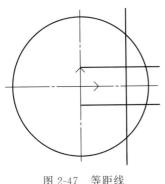

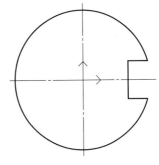

图2-47　等距线　　　　　　　　　　　　　　图2-48　截面线

⑦ 单击"属性"工具栏中的"层控制"按钮 ⬟ ，弹出"层控制"对话框，如图2-49（a）所示。在"层控制"对话框列表框中，用鼠标左键单击剖面线图层后，再单击右侧的"设置当前图层"按钮，设置完成后单击"确定"按钮可结束操作。

⑧ 单击"绘图工具"工具栏中的"剖面线"按钮 ▦ ，用鼠标左键拾取封闭环内的一点，系统搜索到的封闭环上的各条曲线变为红色，然后再按下鼠标右键加以确认。这时，一

组按立即菜单上用户定义的剖面线立刻在环内画出。结果如图2-49（b）所示。

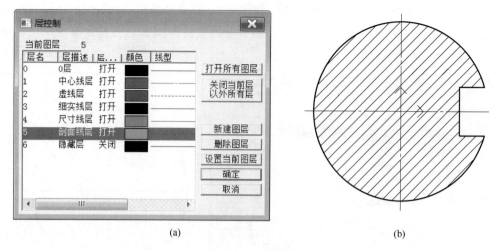

(a)   (b)

图 2-49 画剖面线

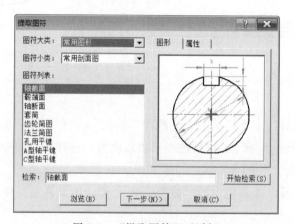

图 2-50 "提取图符"对话框

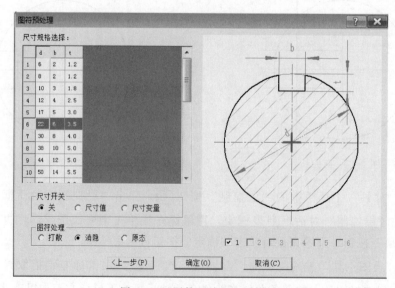

图 2-51 "图符预处理"对话框

2. 利用库操作方法绘制断面图

① 单击"绘图工具"工具栏中单击"提取图符"按钮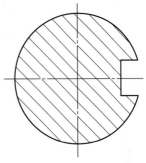，屏幕中央将弹出"提取图符"对话框，如图 2-50 所示。选择轴截面后，单击"下一步"按钮，就可进入"图符预处理"对话框，如图 2-51 所示。

② 在"图符预处理"对话框中选择第 6 行，单击"确定"按钮。根据系统提示，用户可用鼠标指定或从键盘输入图符定位点，定位点确定后图符只转动而不移动。根据系统提示，用户可通过键盘输入图符旋转角度－90°，按鼠标右键结束，结果如图2-52所示。

四、知识拓展

1. 填充

填充实际是一种图形类型，它可对封闭区域的内部进行填充。对于某些制件剖面需要涂黑时可用此功能。

用户若要填充汉字，则应首先将汉字进行"块打散"操作，然后进行填充。

单击"绘图工具"工具栏中的"填充"按钮。用鼠标左键拾取要填充的封闭区域内任意一点，即可完成填充操作。

图 2-52　绘制剖面线

2. 图库

CAXA 数控车为用户提供了多种标准件的参数化图库。用户可以按规格尺寸选用各标准件，也可以输入非标准的尺寸，使标准件和非标准件有机地结合在一起。图库的基本组成单位称为图符。图符按是否参数化分为参数化图符和固定图符。图符可以由一个视图或多个视图（不超过六个视图）组成。图符的每个视图在提取出来时可以定义为块，因此在调用时可以进行块消隐。利用图库及块操作，为用户绘制零件图、装配图等工程图提供了极大的方便。

单击主菜单"绘图"子菜单中的"库操作"，弹出库操作子菜单，再选择相应的子菜单项即可进行相应的库操作。

任务五　齿轮平面图绘制

一、任务导入

齿轮传动是最重要的机械传动之一。齿轮零件具有传动效率高、传动比稳定、结构紧凑等优点。因而齿轮零件应用广泛，同时齿轮零件的结构形式也多种多样。本任务绘制图2-53所示的齿轮平面图，齿轮齿数 $Z=42$，$m=2$，压力角为 20°。

二、任务分析

CAXA 数控车 2015 提供了齿轮轮齿的绘制功能，该功能生成的齿轮要求模数大于 0.1 且小于 50，齿数大于等于 5 且小于 1000。通常只要知道了模数、齿数和压力角这三个参数，齿轮就可以画出来了。

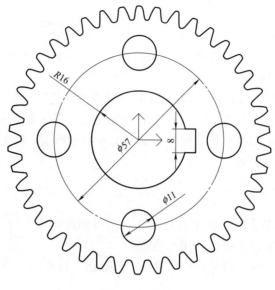

图2-53 齿轮

三、任务实施

① 单击"绘图工具Ⅱ"工具栏中的"齿轮"按钮，当选取"齿轮生成"功能项后，系统弹出"渐开线齿轮齿形参数"对话框，如图2-54所示。在对话框中可设置齿轮的齿数、模数、压力角、变位系数等，用户还可改变齿轮的齿顶高系数和齿顶隙系数来改变齿轮的齿顶圆半径和齿根圆半径，也可直接指定齿轮的齿顶圆直径和齿根圆直径。

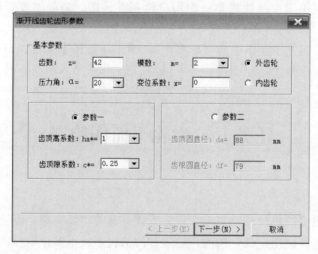

图2-54 "渐开线齿轮齿形参数"对话框

② 确定完齿轮的参数后，单击"下一步"按钮，弹出"渐开线齿轮齿形预显"对话框，如图2-55所示。在此对话框中，用户可设置齿形的齿顶过渡圆角半径和齿根过渡圆角半径及齿形的精度，并可确定要生成的齿数和起始齿相对于齿轮圆心的角度，确定完参数后可单击"预显"按钮观察生成的齿形。单击"完成"按钮结束齿形的生成。

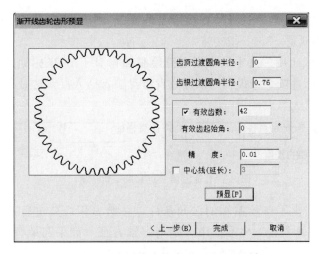

图 2-55　"渐开线齿轮齿形预显"对话框

③ 结束齿形的生成后，给出齿轮的定位点即可完成齿形绘制，如图 2-56 所示。

④ 齿形绘制完成后，根据图 2-53 所示的尺寸，用直线和圆等命令绘制齿轮其他部分，结果如图 2-57 所示。

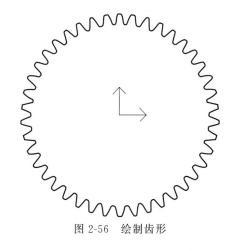

图 2-56　绘制齿形

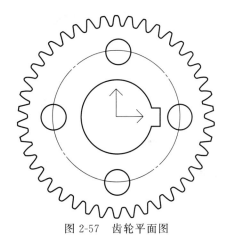

图 2-57　齿轮平面图

四、知识拓展

"孔/轴"命令在绘图过程中是常用的命令，利用它可以非常方便快捷地在指定位置绘制带有中心线的阶梯孔/轴和圆锥孔/轴。该命令对于经常需要进行相关图形绘制的用户是非常实用的工具。

选择"绘图"→"孔/轴"命令，或者在"绘图工具Ⅱ"工具栏上单击 ⊕ 按钮。

1. 绘制轴

在屏幕上给定位置画出带有中心线的阶梯轴或画出带有中心线的圆锥轴。

① 如图 2-58 所示，在"1:"下拉列表框中选择"轴"。

图 2-58　选择绘制"轴"

② 在 "2:" 下拉列表框中选择 "直接给出角度"，以确定待画轴的中心线与 X 轴的倾斜角度，角度值的范围是 $-360°\sim360°$。

③ 在 "3: 中心线角度" 文本框中指定符绘制轴相对于 X 坐标轴的倾斜角度，角度值的范围是 $-360°\sim360°$，按系统提示用鼠标或者键盘输入插入点，这时出现图 2-59 所示的新的立即菜单。

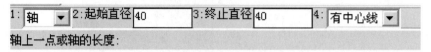

图 2-59　确定插入点后的立即菜单

④ 在图 2-59 中列出了待绘制轴的已知条件，并给出相应要进行的操作提示。在 "2: 起始直径" 和 "3: 终止直径" 文本框中分别指定轴直径（如果起始直径与终止直径不同，则绘制出圆锥轴）。移动鼠标，则跟随着光标将出现一个长度动态变化但直径为指定值的轴（该轴以插入点为起点，其长度由用户指定）。设定好参数后，单击轴上一点，或者由键盘输入轴的长度。右击结束命令，即可完成一个带有中心线的轴的绘制。

图 2-60（a）绘制的是带中心线、角度为 $45°$ 的阶梯轴，图 2-60（b）绘制的是带中心线的普通阶梯轴。

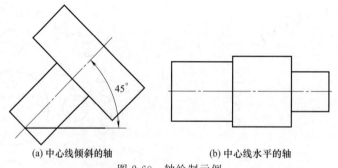

(a) 中心线倾斜的轴　　　　　　　　(b) 中心线水平的轴

图 2-60　轴绘制示例

2. 绘制孔

在屏幕上给定位置画出带有中心线的孔或画出带有中心线的圆锥孔。

如图 2-61 所示，在 "1:" 下拉列表框中选择 "孔"。

图 2-61　选择绘制 "孔"

绘制孔与轴的区别只是在于画孔时不绘制两端的端面线，其余操作与绘制轴相同。

图 2-62（a）绘制的是带中心线的锥孔，图 2-62（b）绘制的是带中心线的孔。

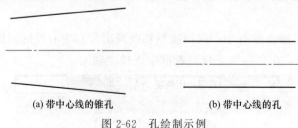

(a) 带中心线的锥孔　　　　　　　　(b) 带中心线的孔

图 2-62　孔绘制示例

3.绘制齿轮

按给定的参数生成整个齿轮或生成给定个数的齿形。

① 单击"绘图工具Ⅱ"工具栏中的"齿轮"按钮。

② 当选取"齿轮生成"功能项后，系统弹出"渐开线齿轮齿形参数"对话框。在对话框中可设置齿轮的齿数、模数、压力角、变位系数等，用户还可改变齿轮的齿顶高系数和齿顶隙系数来改变齿轮的齿顶圆半径和齿根圆半径，也可直接指定齿轮的齿顶圆直径和齿根圆直径。

③ 确定完齿轮的参数后，单击"下一步"按钮，弹出"渐开线齿轮齿形预显"对话框。在此对话框中，用户可设置齿形的齿顶过渡圆角半径和齿根过渡圆角半径及齿形的精度，并可确定要生成的齿数和起始齿相对于齿轮圆心的角度，确定完参数后可单击"预显"按钮观察生成的齿形。单击"完成"按钮结束齿形的生成。如果要修改前面的参数，单击"上一步"按钮可回到前一对话框。

④ 结束齿形的生成后，给出齿轮的定位点即可完成该功能。

注意：该功能生成的齿轮要求模数大于0.1且小于50，齿数大于等于5且小于1000。

任务六　曲柄连杆绘制

一、任务导入

绘制图2-63所示的曲柄连杆图形。

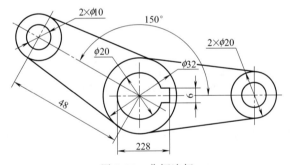

图2-63　曲柄连杆

二、任务分析

CAXA数控车2015提供了强大的编辑、修改图形的功能，用户可以方便、灵活、快速、高效地修改图形，使用户从繁琐的重复绘图中解脱出来，极大地缩短了产品设计时间。绘制曲柄连杆可采用库操作中的"提取图符"和"复制选择到"命令来提高绘图效率。

三、任务实施

① 单击"绘图工具"工具栏中的"圆"按钮 ⊕，弹出圆立即菜单。单击立即菜单"1:"，弹出绘制圆的选项菜单，其中每一项都为一个转换开关，可对不同画圆方法进行切换，这里选择"圆心_半径"选项，绘制 $\phi32$ 的圆。

② 继续使用"圆"命令，立即菜单设置为"直径"、"有中心线"。状态行提示"圆心

点:"时,输入定位坐标"@48,0",绘制 $\phi20$ 和 $\phi10$ 的同心圆,如图 2-64 所示。

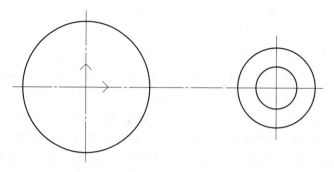

图 2-64　绘制圆

③ 单击"绘图工具"工具栏中单击"提取图符"按钮 ,屏幕中央将弹出"提取图符"对话框,如图 2-65 所示。用户选定常用图形(毂端面)图符后,单击"下一步"按钮就可进入"图符预处理"对话框,修改参数 $d=20$,$b=6$,$t=2.8$,如图 2-66 所示。

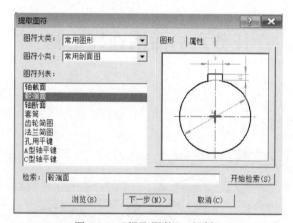

图 2-65　"提取图符"对话框

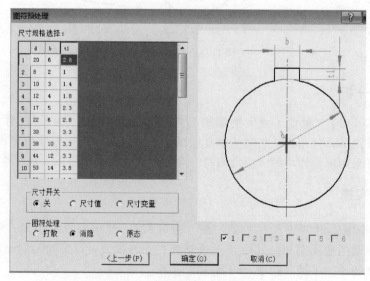

图 2-66　"图符预处理"对话框

根据系统提示，用鼠标指定 $\phi32$ 的圆心作为图符定位点。定位点确定后，通过键盘输入图符旋转角度 $-90°$，按鼠标右键即可，结果如图 2-67 所示。

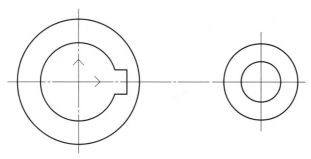

图 2-67　绘制毂端面

④ 单击"绘图工具"工具栏中"直线"按钮![直线按钮]。启动"两点线"命令绘制切线，立即菜单选择"单根"，状态行提示"第一点（切点，垂足点）："和"第二点（切点，垂足点）："时，按 T 键拾取 $\phi32$ 和 $\phi20$ 圆的切点。

⑤ 再次使用"直线"命令绘制另一条切线，结果如图 2-68 所示。

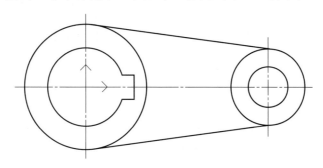

图 2-68　绘制切线

⑥ 单击并选择"修改"下拉菜单中的"复制选择到"命令或在"编辑工具"工具栏单击"复制"按钮![复制按钮]，可弹出如图 2-69 所示的立即菜单，立即菜单中设置为"给定两点"、"粘贴为""旋转角度＝150""比例＝1"和"份数＝1"。

| 1:给定两. ▼ | 2:粘贴为: ▼ | 3:正交 ▼ | 4:旋转 150 | 5:比例 1 | 6:份数 1 |

拾取添加

图 2-69　复制立即菜单

"拾取添加"：用右起框选方式拾取右半部分，按鼠标右键确认拾取。

"第一点"：拾取 $\phi32$ 圆心作为起点，此时拖动鼠标已可看到待复制的部分随鼠标移动。

"第二点"：再次拾取 $\phi32$ 圆心作为终点，确认复制（即第一点和第二点重合，实际上相当于旋转了 $150°$）。图形绘制完成，如图 2-70 所示。

四、知识拓展

使用 CAXA 数控车 2015 软件自动编写加工程序的过程实际包含三大部分：第一是创建

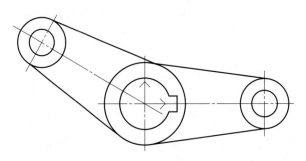

图 2-70　绘制曲柄

图形，利用各种绘图工具绘制各种曲线和图形；第二是在图形创建后，对已经绘制的图形进行编辑修改，因此编辑修改功能是所有计算机绘图软件不可缺少的基本功能；第三是生成刀路轨迹，编写加工程序。

CAXA 数控车 2015 提供了曲线编辑和几何变换功能。曲线编辑包括删除、裁剪、过渡、打断、拉伸、打散，几何变换包括平移、复制、旋转、镜像、阵列和比例缩放。"修改"下拉菜单如图 2-71 所示，"编辑工具"工具栏如图 2-72 所示。

1. 删除

单击并选择"修改"下拉菜单中的"删除"命令或在"编辑工具"工具栏单击"删除"按钮 启动该命令，状态行提示"拾取添加"，选择需要删除的对象，按鼠标右键或按"Enter"键确认，选择的对象即被删除。

2. 平移

平移命令可以将一个选择集从指定的位置移动到另一位置。单击并选择"修改"下拉菜单中的"平移"命令或在"编辑工具"工具栏单击"平移"按钮 启动该命令，系统弹出图 2-73 所示的立即菜单。

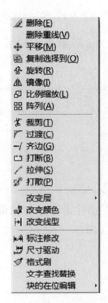

图 2-71　"修改"下拉菜单

图 2-72　"编辑工具"工具栏

1:给定两 ▼	2:保持原 ▼	3:非正交 ▼	4:旋转0	5:比1

图 2-73　平移对象立即菜单

（1）"给定两点"方式状态行提示与操作

"第一点"：输入第一点坐标或用鼠标点取第一点。

"第二点"：此时移动鼠标即可看到选择的对象在原位已加亮虚线显示，并有一个随鼠标移动的选择集显示在屏幕上，至适当位置后按鼠标左键完成移动，原位虚线显示的选择集消失。

（2）"给定偏移"方式的操作步骤

系统自动给出一个基准点，状态行提示"X 和 Y 方向偏移量："，此时用户移动鼠标可看到呈绿色显示的选择集随鼠标移动，原对象以虚线显示，按鼠标左键即确定了移动，原对象消失。

3. 复制选择到

对拾取到的实体进行复制粘贴。

单击并选择"修改"下拉菜单中的"复制选择到"命令或在"编辑工具"工具栏单击"复制"按钮，可弹出图 2-74 所示的立即菜单。

1:给定两 ▼	2:粘贴为 ▼	3:正交 ▼	4:旋转150	5:比1	6:份数1

图 2-74　复制立即菜单

（1）给定两点

给定两点：是指通过两点的定位方式完成图形元素复制粘贴。

（2）移动

移动：将实体复制到一个指定位置上，可根据需要在立即菜单"2:"中选择保持原态和粘贴为块。

（3）非正交

限定"复制选择到"时的移动形式，用鼠标单击该项，则该项内容变为"正交"。

（4）旋转角度

图形在进行复制或平移时，允许指定实体的旋转角度，可由键盘输入新值。

（5）比例

进行"复制选择到"操作之前，允许用户指定被复制图形的缩放系数。

（6）份数

当选择复制操作时，单击立即菜单"6:份数"，进行数量选择。

所谓份数即要复制的实体数量。系统根据用户指定的两点距离和份数，计算每份的间距，然后再进行复制。

任务七　双向开口扳手绘制

一、任务导入

开口扳手是机械行业加工、生产、维修的重要工具，可快速拧螺栓或螺母工作，工作速度比传统扳手快 3～4 倍。本任务是绘制图 2-75 所示的双向开口扳手。

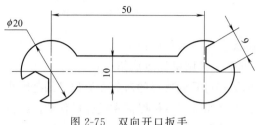

图 2-75　双向开口扳手

二、任务分析

双向开口扳手左右不对称但相似，可以先绘制一半图形，另一半采用 CAXA 数控车 2015 中的旋转复制命令来写成。

三、任务实施

① 在命令行输入"Rect"，启动"矩形"命令，绘制 25mm×10mm 的矩形，立即菜单设置为"长度和宽度""中心定位""角度＝0""长度＝25""宽度＝10""无中心线"，在屏幕上拾取任意一点作为定位点。

② 在命令行输入"Cir"启动"圆心-半径"方式画圆命令，立即菜单设置为"直径""有中心线""中心线延伸长度＝3"。拾取矩形左边线中点→输入"20"，并按 Enter 键确认，然后按鼠标右键结束"Cir"命令。

③ 在命令行输入"Polygon"，启动"多边形"命令，立即菜单设置为"中心定位""给定半径""外切于圆""边数＝6""旋转角＝30""无中心线"。拾取 $\phi20$ 的圆心→输入"4.5"，并按 Enter 键。

④ 在命令行输入"La"，启动"角度线"命令，立即菜单设置为"X 轴夹角""到线上""度＝225"。拾取六边形的左上角点 A→单击 $\phi20$ 的圆周完成角度线绘制，如图 2-76 所示。

⑤ 在命令行输入"Move"，启动"平移"命令，立即菜单设置为"给定两点""保持原态""角度＝0""比例＝1"。拾取六边形，并按鼠标右键确认拾取→拾取角度线的上端点 A→拾取角度线的下端点 B，完成移动，如图 2-77 所示。

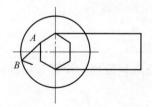

图 2-76　左面图形绘制

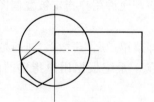

图 2-77　六边形移动

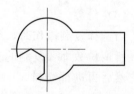

图 2-78　裁剪多余图形

⑥ 删除角度线。

⑦ 在命令行输入"Trim"，启动"裁剪"命令，裁剪掉多余部分如图 2-78 所示。

⑧ 在命令行输入"Rotate"，启动"旋转"命令，立即菜单设置为"给定角度"、"拷贝"。拾取除水平中心线外的所有部分，按鼠标右键确认→拾取矩形的右边线中点→输入"180"，并按 Enter 键完成旋转复制，得到图 2-79。

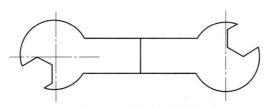

图 2-79　旋转复制图形

⑨ 在命令行输入"Trim"或单击 ![按钮] 按钮，启动"裁剪"命令，剪去矩形垂直边线。

⑩ 用夹点编辑方式延长水平中心线至合适位置；在命令行输入"Dim"或单击 ![按钮] 按钮，启动"尺寸标注"命令标注尺寸，结果如图 2-75 所示。

四、知识拓展

1. 旋转对象

使用"旋转"命令可以将某一个或一组对象围绕指定的基点旋转指定的角度，可以只进行旋转，也可以在旋转过程中复制旋转对象。

在命令行输入"Rotate"或单击 ![按钮] 按钮启动"旋转"命令，系统弹出图 2-80 所示的立即菜单。

图 2-80　旋转对象的立即菜单

按 Alt＋1 组合键切换旋转方式。包括"旋转角度"和"起始终止点"；按"Alt＋2"组合键选择在旋转时是否复制原对象。

设置好立即菜单后，根据状态行提示，拾取需要旋转的对象，并按鼠标右键确认拾取，此时状态行提示"输入基点："，基点即是旋转中心。拾取基点或输入基点坐标后，若选择了"旋转角度"，状态行提示"旋转角："，输入角度即可完成旋转，正值将逆时针旋转，负值顺时针旋转；若选择了"起始终止点"方式，状态行依次提示"拾取起始点：""拾取终止点："，指定起始点和终止点即完成旋转。

2. 裁剪

CAXA 数控车 2015 允许对当前的一系列图形元素进行裁剪操作。裁剪具有很强的灵活性，在实践过程中熟练掌握将大大提高工作效率。裁剪操作分为快速裁剪、拾取边界裁剪和批量裁剪三种方式。

① 快速裁剪：用鼠标直接拾取被裁剪的曲线，系统自动判断边界并作出裁剪响应。快速裁剪时，允许用户在各交叉曲线中进行任意裁剪的操作。其操作方法是直接用光标拾取要被裁剪掉的线段，系统根据与该线段相交的曲线自动确定出裁剪边界，待按下鼠标左键后，将被拾取的线段裁剪掉。

② 拾取边界裁剪：对于相交情况复杂的边界，数控车提供了拾取边界的裁剪方式。拾取一条或多条曲线作为剪刀线，构成裁剪边界，对一系列被裁剪的曲线进行裁剪。系统将裁剪掉所拾取到的曲线段，保留在剪刀线另一侧的曲线段。另外，剪刀线也可以被裁剪。

③ 批量裁剪：当曲线较多时，可以对曲线进行批量裁剪。

单击并选择"修改"下拉菜单中的"裁剪"命令或在"编辑工具"工具栏单击"裁剪"按钮✂。系统进入默认的快速裁剪方式。

任务八　六角槽轮绘制

一、任务导入

槽轮机构由槽轮和圆柱销组成的单向间歇运动机构，又称马耳他机构。它常被用来将主动件的连续转动转换成从动件的带有停歇的单向周期性转动。槽轮机构结构简单，易加工，工作可靠，转角准确，机械效率高。本任务主要完成如图 2-81 所示六角槽轮的图形绘制。

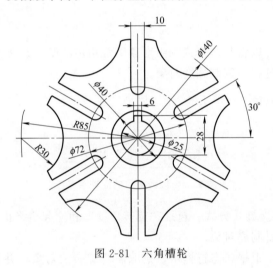

图 2-81　六角槽轮

二、任务分析

图 2-81 所示六角槽轮图形为圆盘结构，可以先绘制一个角的图形，其他角可以用阵列命令来完成，这样可以提高绘图速度。

三、任务实施

① 切换当前图层至中心线层。

② 在命令行输入"Cir"，启动"圆心_半径"绘制圆命令绘制 $\phi72$ 的圆，立即菜单设置为"直径"和"无中心线"，根据状态行提示输入圆心坐标"(0，0)"和直径"72"。

③ 切换当前图层至粗实线层。

④ 在命令行输入"Cir"，启动"圆心_半径"方式画圆命令绘制 $\phi25$、$\phi40$、$\phi140$ 的同心圆，立即菜单设置为"直径"和"无中心线"，根据状态行提示输入圆心坐标"（0，0）"和相应直径。绘制 $\phi140$ 的圆时立即菜单切换至"有中心线"方式。

⑤ 在命令行输入"LL"，启动"平行线"命令绘制垂直中心线的双向平行线，立即菜单设置为"偏移方式"和"双向"，拾取垂直中心线，输入偏移距离"5"。

⑥ 在命令行输入"Appr"，启动"两点_半径"绘制圆弧命令绘制 $R5$ 的小圆弧，两点

取 φ72 的圆与上步绘制的两平行线的交点，半径为 5。

⑦ 在命令行输入"Acra"，启动"圆心 _ 半径 _ 起终角"方式绘制圆弧命令，立即菜单设置为"半径＝30""起始角＝120"和"终止角＝240"，状态行提示"圆心点："时，输入"(85，0)"，并按 Enter 键得到图 2-82（a）。

⑧ 在命令行输入"Trim"，启动"裁剪"命令，以"拾取边界"方式裁剪图形，剪刀线为 φ140 的圆和 R5 的圆弧，裁剪后得到图 2-82（b）。

⑨ 在命令行输入"Array"，启动"阵列"命令进行圆形阵列，立即菜单设置为"圆形阵列""旋转""均布"和"份数＝6"，中心点为同心圆圆心，阵列对象为 R30 的圆弧、R5 的圆弧、修剪后的平行线及垂直中心线，阵列后得到图 2-82（c）。

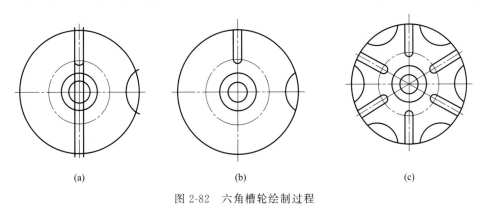

(a)　　　　　　　　　　(b)　　　　　　　　　　(c)

图 2-82　六角槽轮绘制过程

⑩ 在命令行输入"Trim"，启动"裁剪"命令，以"拾取边界"方式裁剪图形，剪刀线为除 R5 圆弧外的所有阵列对象［见图 2-83（a）］，裁剪后得到图 2-83（b）。

⑪ 在命令行输入"LL"，启动"平行线"命令绘制水平中心线的向上偏移 15.5 单向平行线，立即菜单设置为"偏移方式"和"单向"。

⑫ 再次使用平行线命令绘制垂直中心线的双向偏移 3 的平行线，立即菜单设置为"偏移方式"和"双向"。

⑬ 在命令行输入"Trim"，启动"裁剪"命令，以"拾取边界"方式裁剪完成键槽的绘制，得到图 2-83（c）。

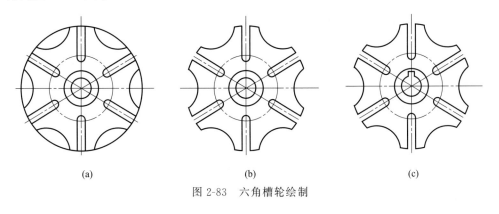

(a)　　　　　　　　　　(b)　　　　　　　　　　(c)

图 2-83　六角槽轮绘制

四、知识拓展

1. 阵列对象

在机械绘图中，常常需要重复绘制多个同样的图形。尽管可以使用 Copy 命令制作多个对象的复制，但是若所复制的对象在 X 轴或 Y 轴上是等间距分布的，或者围绕同一个中心点旋转同间距分布，使用阵列命令更简单快捷。CAXA 数控车 2015 的阵列命令可以进行矩形阵列、圆形阵列和曲线阵列。

在命令行输入"Array"或单击 ⊞ 按钮启动"阵列"命令。CAXA 数控车 2015 提供了"圆形阵列""矩形阵列"和"曲线阵列"三种方式，可按"Alt＋1"组合键在三种方式之间进行切换。各种方式的执行过程各异，分述如下。

（1）圆形阵列

"圆形阵列"的二级命令为 ArrayC，立即菜单如图 2-84 所示。

图 2-84　圆形阵列立即菜单

在"旋转"方式下，拾取阵列对象后，状态行提示"中心点："，单击中心点即完成阵列。

在"不旋转"方式下，拾取阵列对象后，状态行首先提示"中心点："，拾取中心点后状态行提示"基点："，选择基点完成阵列。基点是指在阵列过程中与中心点的距离保持不变的点。

按 Alt＋3 组合键选择是在整个圆周上均布还是在给定的夹角范围内均布。"均布"是指阵列对象均布于整个圆周，这时按 Alt＋4 组合键可以输入均布的份数；选择"给定夹角"，则立即菜单扩展为如图 2-85 所示，此时可按 Alt＋4 组合键输入阵列后相邻两个对象之间的夹角，按 Alt＋5 组合键输入阵列的填充角度。

图 2-85　圆周阵列给定夹角方式的立即菜单

（2）矩形阵列

矩形阵列方式的二级命令为 Arrayr，立即菜单如图 2-86 所示。立即菜单给出了阵列的默认参数，修改相应的参数，拾取需阵列的对象，按鼠标右键确认拾取即可完成矩形阵列。

在立即菜单中，行间距输入负数表示向下阵列，输入正数表示向上阵列；列间距输入负数表示向左阵列，输入正数表示向右阵列。

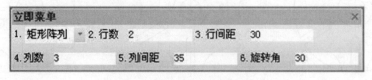

图 2-86　矩形阵列立即菜单

（3）曲线阵列

"曲线阵列"使阵列对象沿指定的曲线均匀分布，其二级命令为 ArraySpl。

启动"阵列"命令，按 Alt＋1 组合键将阵列方式切换至"曲线阵列"，立即菜单变为图 2-87 所示的样式。

1. 曲线阵列 ▼ 2. 单个拾取母线 ▼ 3. 旋转 ▼ 4. 份数 4

图 2-87　曲线阵列立即菜单

2. 比例缩放

该命令用于对拾取到的实体进行按比例放大和缩小，但不改变形状。

单击并选择"修改"下拉菜单中的"比例缩放"命令或在"编辑工具"工具栏单击"比例缩放"按钮 ⊡ 启动"比例缩放"命令，状态行提示"拾取添加"，选择需要缩放的对象并按右键确认拾取后，立即菜单如图 2-88 所示。

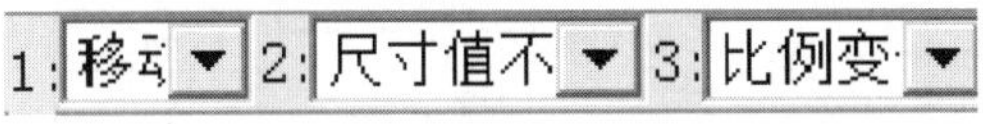

1: 移动 ▼ 2: 尺寸值不 ▼ 3: 比例变 ▼

图 2-88　比例缩放立即菜单

"尺寸值不变"：用鼠标单击该项，则该项内容变为"尺寸值变化"。

如果拾取元素中包含尺寸元素，则该项可以控制尺寸的变化。当选择"尺寸值不变"时，所选尺寸元素不会随着比例变化而变化。反之当选择"尺寸值变化"时，尺寸值会根据相应的比例进行放大或缩小。

"比例不变"：用鼠标单击该项，则该项内容变为"比例变化"。当选择"比例变化"时尺寸会根据比例系数发生变化。

设置好立即菜单后，根据状态行提示拾取"基准点"，然后用鼠标指定一个比例变换的基点，则系统又提示"比例系数"。

移动鼠标时，系统自动根据基点和当前光标点的位置来计算比例系数，且动态在屏幕上显示变换的结果。当输入完毕或光标位置确定后，按下鼠标左键，一个变换后的图形立即显示在屏幕上。用户也可通过键盘直接输入放缩的比例系数。

图 2-89 是原图，使用比例因子 2 进行缩放，图 2-90 是放大 2 倍的图。

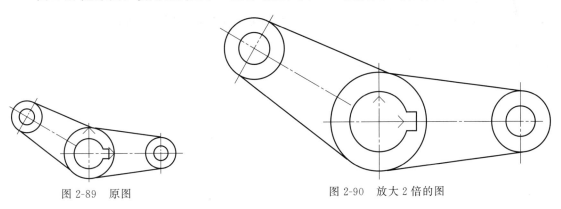

图 2-89　原图　　　　　　　　图 2-90　放大 2 倍的图

任务九　成形面轴零件图绘制

一、任务导入

轴类零件是五金配件中经常遇到的典型零件之一，它主要用来支承传动零部件，传递扭矩和承受载荷。按轴类零件结构形式不同，一般可分为光轴、阶梯轴和异形轴三类，或分为实心轴、空心轴等。本任务是绘制图2-91所示成形面轴零件的平面图形。

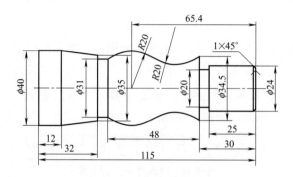

图2-91　成形面轴零件图

二、任务分析

此成形面轴零件由$R20$的两段圆弧及圆柱圆锥面组成，画图时，以右面端面中心为工件坐标系零点画图，$R20$凹圆弧采用"两点_半径"圆命令绘制。

三、任务实施

1. 启动CAXA数控车2015

双击桌面的CAXA数控车2015快捷图标，启动CAXA数控车2015软件。

2. 选取当前图形颜色

单击工具栏"L"按钮，选取当前图形颜色为白色。

3. 绘制中心线

选择直线图标 ＼ 按鼠标左键，按图2-92修改立即菜单，按回车键弹出坐标。

输入对话框，输入起点坐标值如图2-93所示，按回车键确定直线的起点；选择直线的方向后，按鼠标左键确认即可，如图2-93所示。

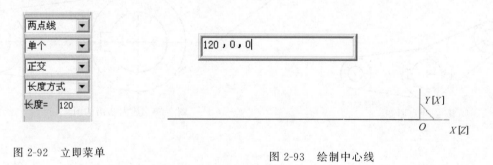

图2-92　立即菜单　　　　　　　　　　　图2-93　绘制中心线

4. 作等距线绘出零件的母线

单击等距线图标 ⊓ ，按图2-94修改距离值；鼠标拾取中心线，单击向上箭头（见图2-95），即可生成距离为10的等距线。重复上面的步骤，分别作出距离为12、15.5、17.25、20的等距线，如图2-96所示。

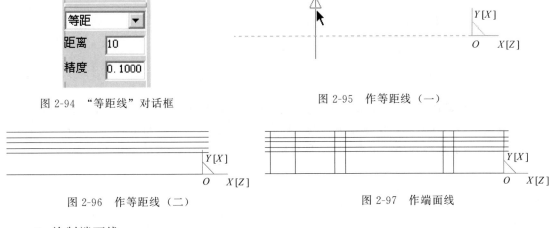

图 2-94　"等距线"对话框　　　　　图 2-95　作等距线（一）

图 2-96　作等距线（二）　　　　　图 2-97　作端面线

5. 绘制端面线

选择直线命令，输入坐标值（0，0）确认；修改立即菜单长度为 20；选择直线方向，按鼠标左键确认，如图 2-97 所示。

6. 作等距线绘出零件的端面线

按上述步骤 4 作出各个端面的等距线，如图 2-97 所示。

7. 修剪曲线

单击工具栏中的曲线裁剪图标 ，在其立即菜单中选择"快速裁剪"和"正常裁剪"命令，单击需要裁剪的线段。单击工具栏中的"拉伸"图标，选取圆锥右端面线，立即菜单选择"伸缩"；按回车键，在弹出的输入对话框中输入 17.5 确认，结果如图 2-98 所示。

图 2-98　修剪曲线

8. 绘制锥面及圆弧

选择直线命令，修改立即菜单为"非正交"和"点方式"；鼠标拾取锥面两端点，按鼠标左键确认。选择圆命令图标 ⊕，立即菜单选择"圆心 _ 半径"；按回车键弹出坐标输入对话框，输入圆心坐标值（-65.4,0），按回车键确定；按回车键弹出输入对话框，输入半径值 20，按回车键确定。再选择圆命令，在立即菜单选择"两点 _ 半径"；鼠标拾取圆弧右端点，按空格键弹出点工具菜单，如图 2-99 所示选择切点，单击相切圆弧；在输入对话框输入半径值 20 后确定。选择曲线裁剪命令，去除不需要的部分。

9. 倒角

单击曲线过渡图标 ⌐，在立即菜单中选择"倒角""裁剪曲线 1""裁剪曲线 2"和角度项选择 45°、距离栏选择 1.414（软件确认的距离为斜边距）。分别拾取需要过渡的元素，结果如图 2-100 所示。

图 2-99　点工具菜单

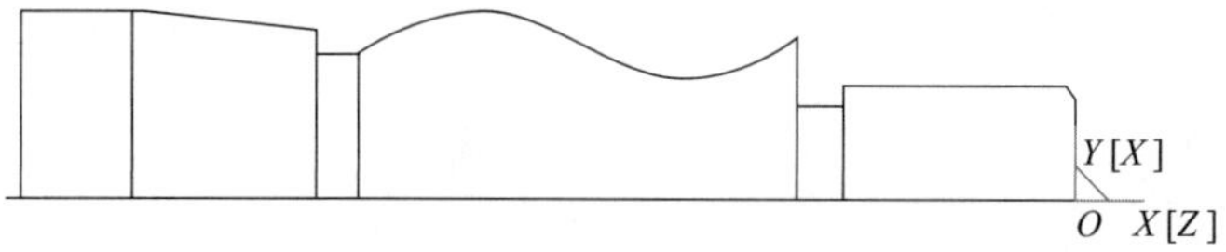

图 2-100　修剪后的曲线

10. 镜像

选择平面镜像图标，按状态栏提示鼠标拾取镜像轴的首点（0，0）点，再拾取镜像轴的末点（−115，0）点；窗选轮廓，按鼠标右键结束选取，生成如图 2-101 所示的零件图（如果仅为了生成数控程序，至图 2-100 即可结束）。

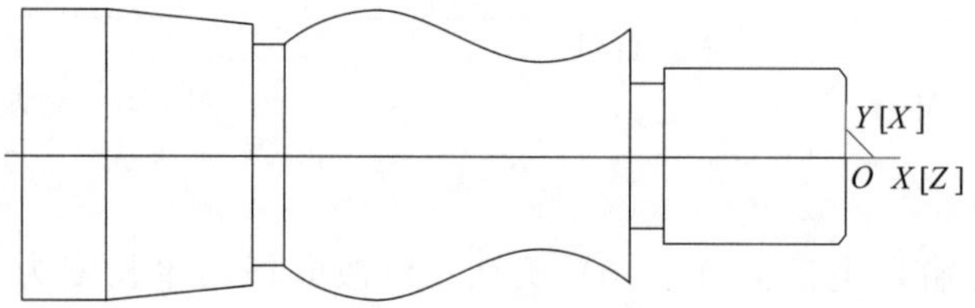

图 2-101　平面镜像

利用等距线作图是一种常用的方法，另一种常用的作图方法是坐标点作图法，即通过依次输入各节点的坐标值来作图。对于这两种作图方法，用户可根据自己的习惯来选择。

四、知识拓展

1. 镜像

镜像命令经常用于具有轴对称性质的图形绘制和编辑中。其方法是先绘制一半图形，另一半用镜像命令生成。

在命令行输入“Mirror”或单击按钮启动“镜像”命令，系统弹出相应的立即菜单。立即菜单第 1 项用于设置镜像轴的选择方式。“选择轴线”方式将已有的直线作为镜像轴，该方式可用二级命令 MirrorCl 执行；“拾取两点”方式将拾取的任意两点间的连线作为镜像轴，该方式可用二级命令 MirrorPo 执行；立即菜单第 2 项设置在镜像后是否删除原对象，选择“拷贝”则不删除原对象，选择“镜像”则删除原对象。

命令执行时，状态行首先提示“拾取元素:”，用框选方式选择需要镜像的对象，例如图 2-102 所示的三角形 *ABC* 及文字标注，按鼠标右键完成拾取。

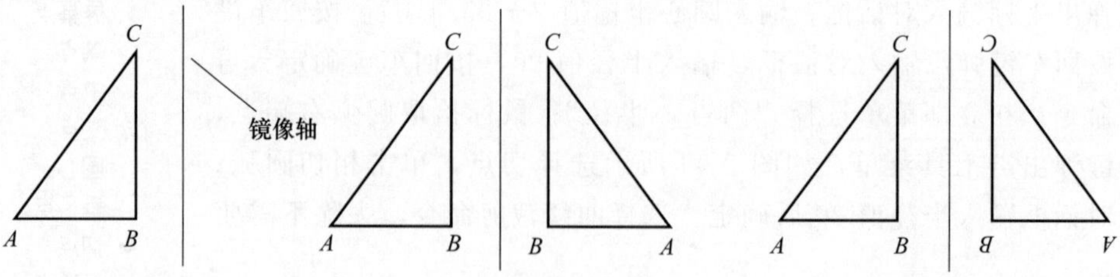

(a) 原图　(b) 位置镜像　(c) 镜面镜像

图 2-102　三角形 *ABC* 镜像

若选择了“拾取两点”，状态行依次提示“第一点:”和“第二点:”，拾取镜像轴的两个端点即完成镜像；若选择了“选择轴线”，状态行提示“拾取轴线:”，在镜像轴上单击即完成镜像。

2. 过渡

CAXA 数控车 2015 的过渡包括圆角、倒角和尖角的过渡操作。

圆角过渡：在两圆弧（或直线）之间进行圆角的光滑过渡。

倒角过渡：在两直线间进行倒角过渡。直线可被裁剪或向角的方向延伸。

尖角过渡：在两条曲线（直线、圆弧、圆等）的交点处，形成尖角过渡。两曲线若有交点，则以交点为界，多余部分被裁剪掉；两曲线若无交点，则系统首先计算出两曲线的交点，然后将两曲线延伸至交点处。

单击并选择"修改"下拉菜单中的"过渡"命令或在"编辑工具"工具栏单击"过渡"按钮 。

任务十　吊环头零件图绘制

一、任务导入

本任务是绘制图 2-103 所示吊环头零件的平面图形。

二、任务分析

图 2-103 所示的吊环头零件是一个回转体零件，绘制这个零件时用到了一些曲线和图形编辑命令。通过该图形的绘制，从而巩固各种图形绘制命令操作。

三、任务实施

1. 绘制第一段轴

在"绘图工具Ⅱ"工具栏中单击 按钮进入绘制孔/轴命令，然后在"1:"下拉列表框中选择"轴"。根据系统提示在屏幕上指定插入点，在"2:"文本框中指定起始直径为"5"，然后用键盘输入"19"作为轴的长度，绘制好图 2-104 所示的一段"$\phi5$"轴。

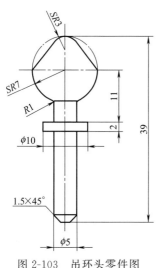

图 2-103　吊环头零件图

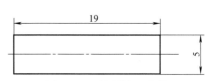

图 2-104　绘制第一段轴

2. 绘制第二段和第三段轴

① 在"2:"文本框中输入"10"并向右拖动鼠标后输入"2",绘制第二段长度为"2"的"φ10"轴,如图 2-105 所示。

② 继续在"2:"文本框中输入"5"并向右拖动鼠标后输入"11",绘制第三段轴。右击或者按 Enter 键退出绘制轴命令,绘制好的图形如图 2-106 所示。

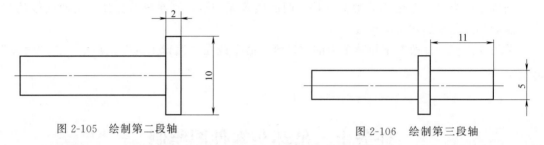

图 2-105　绘制第二段轴　　　　　　　　　图 2-106　绘制第三段轴

3. 绘制圆

在"绘图工具"工具栏中单击 ⊕ 按钮,在"1:"下拉列表框中选择"圆心_半径",然后捕捉轴右端的点,输入"7",绘制好图 2-107 所示的圆,最后右击退出绘制圆命令。

4. 裁剪多余线条

在"编辑工具"工具栏中单击 ✂ 按钮,在"1:"下拉列表框中选择"快速裁剪",然后拾取不需要的线段,裁剪后的图形如图 2-108 所示。

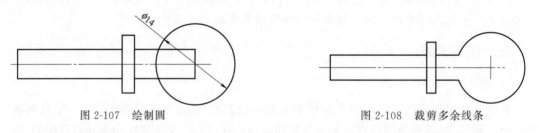

图 2-107　绘制圆　　　　　　　　　　　图 2-108　裁剪多余线条

5. 删除多余线条

在"编辑工具"工具栏中单击 ✏ 按钮,拾取轴右端的直线,右击确认删除,删除后的图形如图 2-109 所示。

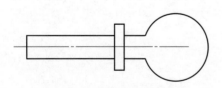

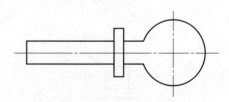

图 2-109　删除直线后的图形　　　　　　　图 2-110　绘制 R7 圆的中心线

6. 绘制圆的中心线

在"绘图工具"工具栏中单击 ⌀ 按钮,拾取 R7 的圆,右击绘制好 R7 圆的中心线,如图 2-110 所示。

7. 绘制辅助直线

在"绘图工具"工具栏中单击 ／ 按钮,在"1:"下拉列表框中选择"平行线",选择

$R7$的竖直的中心线并将鼠标向右拖动，输入"4"，完成辅助线的绘制，如图2-111所示。右击退出直线命令。

8. 绘制圆

在"绘图工具"工具栏中单击 ⊕ 按钮，使用点工具菜单或者直接输入"I"捕捉辅助线与中心线的交点，然后输入"3"，绘制好的图形如图2-112所示。

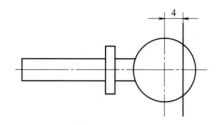

图2-111 绘制辅助线

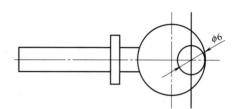

图2-112 绘制半径为"3"的圆

9. 绘制切线

在"绘图工具"工具栏中单击 ╱ 按钮，在"1:"下拉列表框中选择"两点线"，单击"3:"选择"非正交"，然后捕捉$R7$的圆弧与中心线的交点、$R7$的圆弧与$R3$的圆的切点，绘制切线，如图2-113所示。

10. 镜像切线

在"编辑工具"工具栏中单击 ⚖ 按钮，在"1:"下拉列表框中选择"选择轴线"，在"2:"下拉列表框中选择"拷贝"，接着拾取切线，右击确认拾取，然后拾取水平中心线为镜像轴，完成切线的镜像，绘制好的图形如图2-114所示。

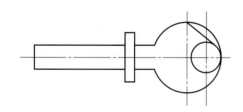

图2-113 绘制切线

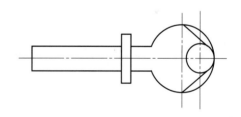

图2-114 镜像切线

11. 裁剪圆

在"编辑工具"工具栏中单击 ✂ 按钮，在"1:"下拉列表框中选择"拾取边界"，根据系统提示连续拾取两条切线作为裁剪线，右击确认拾取裁剪线，然后拾取$R3$圆的左半边，完成$R3$圆的裁剪。绘制的图形如图2-115所示。

12. 删除辅助直线

在"编辑工具"工具栏中单击 ✐ 按钮，用鼠标左键拾取辅助线，然后右击确认删除，如图2-116所示。

13. 绘制直线

在"绘图工具"工具栏中单击 ╱ 按钮，在"1:"下拉列表框中选择"两点线"，连续捕捉$R7$圆弧与$\phi5$轴的交点，完成图2-117所示直线的绘制。

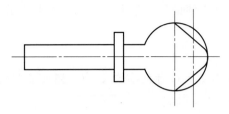

图 2-115　裁剪 $R3$ 圆

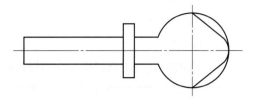

图 2-116　删除辅助直线

14．打断圆弧

在"编辑工具"工具栏中单击 按钮。拾取 $R7$ 的圆弧，拾取切线与 $R7$ 的交点，从而在交点处将 $R7$ 圆弧打断；重复前面的操作，将圆弧 $R7$ 从另一交点处打断。

15．改变圆弧线型

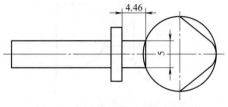

图 2-117　绘制轴与球头的交线

在"编辑工具"工具栏中单击 按钮，拾取 $R7$ 圆弧的右半部分并右击确认拾取，在弹出的"设置线型"对话框中选择"点画线"，单击 确定[0] 按钮完成图 2-118 所示的圆弧线型的改变。

16．绘制外倒角

① 在"编辑工具"工具栏中单击 按钮，在"1："下拉列表框中选择"外倒角"；在"2："文本框中指定长度为"1.5"；在"3："文本框中指定倒角度数为"45"，接着根据系统提示连续拾取 $\phi5$ 轴左端的三条直线，完成外倒角的绘制，如图 2-119 所示。

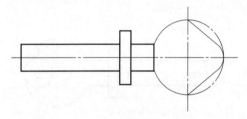

图 2-118　改变圆弧线型

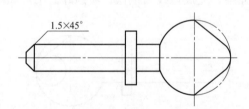

图 2-119　绘制外倒角

② 在"1："下拉列表框中选择"圆角"，在"3："文本框中输入圆角半径值"1"，连续拾取 $R7$ 圆弧与 $\phi5$ 轴直线两次，完成两处 $R1$ 圆角的绘制，如图 2-120 所示。

17．拉伸直线

从图 2-120 中可以看出，$R7$ 圆弧与 $\phi5$ 轴的交线需要延伸。在"编辑工具"工具栏中单击 按钮，拾取直线并拉伸两端至如图 2-121 所示。

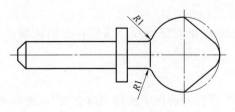

图 2-120　绘制 $R1$ 圆角

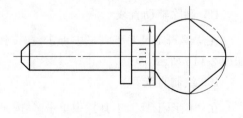

图 2-121　拉伸直线

18. 裁剪直线

在"编辑工具"工具栏中单击 🌂 按钮，在"1:"下拉列表框中选择"快速裁剪"，拾取直线的两头，完成裁剪操作，绘制好的图形如图 2-122 所示。

19. 旋转图形

在"编辑工具"工具栏中单击 🌐 按钮，用鼠标左键框选拾取所有的图形元素，选取图 2-123 所示的点为旋转基点，输入旋转角度"90°"，完成图形的旋转。

基点

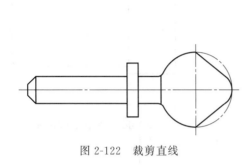

图 2-122　裁剪直线　　　　　　　　　图 2-123　旋转图形

四、知识拓展

1. 打断

将一条指定曲线在指定点处打断成两条曲线，以便于其他操作。

单击并选择"修改"下拉菜单中的"打断"命令或在"编辑工具"工具栏单击"打断"按钮 ❏。按提示要求用鼠标拾取一条待打断的曲线。拾取后，该曲线变成红色。这时，提示改变为"选取打断点"。根据当前作图需要，移动鼠标仔细地选取打断点，选中后按下鼠标左键，打断点也可用键盘输入。曲线被打断后，在屏幕上所显示的与打断前并没有什么两样。但实际上，原来的曲线已经变成了两条互不相干的曲线，即各自成为了一个独立的实体。

2. 拉伸

CAXA 数控车 2015 提供了单条曲线和曲线组的拉伸功能。

单条曲线拉伸：在保持曲线原有趋势不变的前提下，对曲线进行拉伸缩短处理。

曲线组拉伸：移动窗口内图形的指定部分，即将窗口内的图形一起拉伸。

任务十一　　阶梯轴尺寸标注

一、任务导入

数控车床主要加工回转类零件。此类零件具有轴向尺寸大于径向尺寸的特点，主要以端面为基准标注各段长度尺寸，以轴线为基准标注各段直径尺寸，还要根据轴的设计和使用要求标出其表面粗糙度、尺寸公差以及几何公差等。本任务主要标注图 2-124 所示阶梯轴的尺寸。

二、任务分析

CAXA 数控车 2015 可以随拾取的实体（图形元素）不同，自动按实体的类型进行尺寸标注，图 2-124 所示阶梯轴主要标注水平尺寸、竖直尺寸，竖直尺寸为圆柱的直径尺寸，此时它应按线性尺寸标注，只是在尺寸数值前应带前缀 φ（可用％c 输入）。

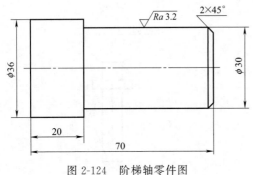

图 2-124 阶梯轴零件图　　　　　　图 2-125 标注长度尺寸

三、任务实施

① 单击菜单项"尺寸标注"或者"标注工具"工具栏中的"尺寸标注"按钮 ↔，出现立即菜单 1：基本标注 ▼，拾取两条直线，系统根据两直线的相对位置，标注两直线的距离，如图 2-125 所示。

② 单击菜单项"尺寸标注"或者"标注工具"工具栏中的"尺寸标注"按钮 ↔，出现立即菜单，拾取上下两条直线，系统根据两直线的相对位置，标注两直线的距离。立即菜单如图 2-126 所示，将第 6 项中的文本替为"％c36"，标注结果如图 2-127 所示。

图 2-126 立即菜单

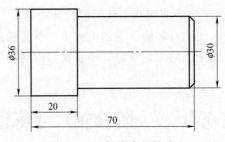

图 2-127 标注直径尺寸

③ 单击"标注工具"工具栏中的"倒角标注"按钮 ⊅。在操作提示区出现"拾取倒角线："，拾取一段倒角后，系统即沿该线段引出标注线，标注出倒角尺寸。标注结果如图 2-128所示。

④ 单击"标注工具"工具栏中的"粗糙度"按钮 ，弹出相应的立即菜单，拾取直线，系统提示"拖动确定标注位置："，用户选定后即标注出与直线相垂直的粗糙度。标注结果如图 2-129 所示。

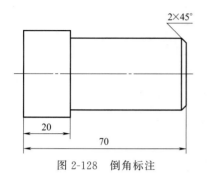

图 2-128　倒角标注

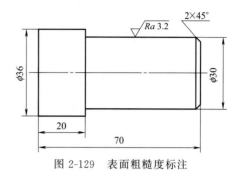

图 2-129　表面粗糙度标注

四、知识拓展

一张完整的工程图，除了图形外工程标注也是其重要的组成部分。工程标准占据绘图工作相当多的时间，如果标注不清晰或不合理还会影响对图纸的理解。CAXA 数控车 2015 依据相关制图标准提供了丰富而智能的标注功能，并可以方便地对标注进行编辑修改。

1. 尺寸标注风格

尺寸标注风格是指对标注的尺寸线、尺寸线箭头、尺寸值等样式的综合设置，画图时应根据图形的性质设置不同的标注风格。尺寸风格通常可以控制尺寸标注的箭头样式、文本位置、尺寸公差、对齐方式等。

用以下方式调用"尺寸风格"命令。

① 菜单方式："格式"→"标注风格"。

② 功能区图标："设置工具"选项卡内的 图标。

启动"尺寸风格"命令，系统打开图 2-130 所示的"标注风格"对话框，图中显示的为系统默认设置，用户可以重新设定和编辑标注风格。当单击"新建"或"编辑"按钮，可以进入图 2-131 所示的"风格设置"对话框。用户可以根据该对话框所提供的"直线和箭头""文本""调整""单位和精度相关"等选项对标注风格进行修改。

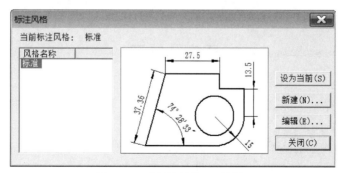

图 2-130　"标注风格"对话框

2. 特殊符号输入

为方便常用符号和特殊格式的输入，CAXA 数控车 2015 规定了一些特殊符号的表示方

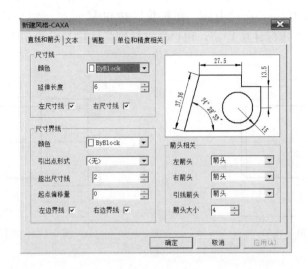

图 2-131　"新建风格-CAXA" 对话框

法，这些方法均以％作为开始标志，之后是一个小写字母，这些符号是统一的整体，不能分割开，比如 "％c30" 不能写成 "％　c30"，这些转义符号可以在各种编辑框中使用，记住这些转义符号，可以提高标注时的效率。常用的转义符号有：

％c：用于表示直径，显示为 "ϕ"。

％d：用于表示角度，显示为 "°"。

％p：用于表示对称公差，显示为 "±"。

％x：用于表示倒角，显示为 "×"。

％％：用于表示百分号，显示为 "％"。

项 目 小 结

通过本项目主要学习 CAXA 数控车 2015 的基本操作和常用工具、常见曲线的绘制和编辑方法。在曲面造型和实体造型中，创建和编辑曲线是最基本的，点、线的绘制是线架造型、曲面造型和实体造型的基础，所以该部分内容应熟练掌握。在使用曲线编辑功能时，要注意利用空格键进行工具点的选取和使用，利用好这些功能键可以大大地提高绘图效率。学习中应注意总结操作经验，不断提高曲线绘制和编辑能力。

思考与练习

一、填空题

1. 曲线裁剪共有（　　　）、（　　　）、（　　　）和（　　　）。其中，（　　　）和
（　　　）具有延伸特性。

2. 圆弧是图形构成的基本要素，CAXA 数控车 2015 提供了（　　　）、（　　　）、（　　　）、
（　　　）、（　　　）、（　　　）六种圆弧的绘制方法。

3. 用户可以选择对工具点状态是否进行锁定，可在（　　　）功能里根据用户需要和习惯选择相应的选项。

4. 在交互过程中，常常会遇到输入精确定位点的情况。系统提供了点工具菜单，可以

利用（　　）菜单精确定位一个点。在进行点的捕捉操作时，可通过按（　　）键，弹出（　　）菜单来改变拾取的类型。

二、选择题

1. 曲线裁剪共有（　　）四种方式。

A. 快速裁剪、线裁剪、点裁剪和修剪

B. 快速裁剪、线裁剪、点裁剪和投影裁剪

C. 快速裁剪、线裁剪、投影裁剪和修剪

2. 圆弧的相切方式与（　　）的位置相关。

A. 鼠标右键　　　　　　　　B. 鼠标左键　　　　　　　　C. 所选切点

3. 能自动捕捉直线、圆弧、圆及样条线中点的快捷键为（　　）。

A. M 键　　　　　　　　　　B. E 键　　　　　　　　　　C. S 键

4. 快速裁剪是将拾取到的曲线沿（　　）的边界处进行裁剪。

A. 最近　　　　　　　　　　B. 附近　　　　　　　　　　C. 端点

5. 可以画任意方向直线的是（　　）方式。

A. 正交　　　　　　　　　　B. 非正交　　　　　　　　　C. 长度

6. "G02 X10.000Y40.000 R20.000" 表示（　　）。

A. 刀具以半径为 $R20$ 圆弧的方式，按顺时针方向从当前点到达目的点（10，40）

B. 刀具以半径为 $R20$ 圆弧的方式，按逆时针方向从当前点到达目的点（10，40）

三、简答题

1. CAXA 数控车 2015 提供了几种绘制直线的方法？分别是什么？

2. CAXA 数控车 2015 系统的几何变换功能有哪些？

3. 什么是工具菜单和立即菜单？怎样激活？

4. 如果 CAXA 数控车 2015 界面上没有"曲线生成"工具条，则采用哪些方法可以使"曲线生成工具"工具条出现？

四、作图题

1. 按图 2-132 给出的尺寸绘制手柄的二维平面图形。

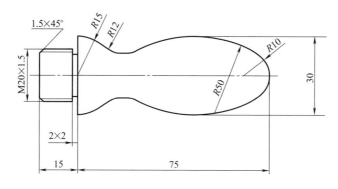

图 2-132　手柄平面图

2. 按图 2-133 给出的尺寸绘制划线板的二维平面图形。

3. 绘制图 2-134 所示轴类零件平面图。

4. 绘制图 2-135 所示柱销零件平面图。

5. 绘制图 2-136 所示机器鱼零件平面图。

6. 绘制图 2-137 所示零件的外圆轮廓线和毛坯轮廓线。

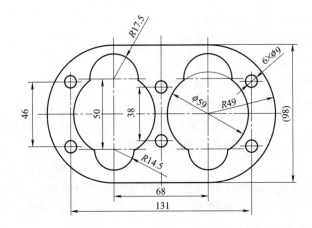

图 2-133　划线板平面图

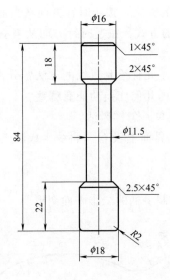

图 2-134　轴平面图

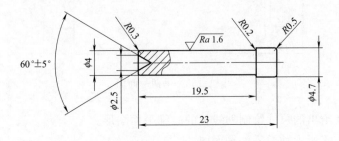

图 2-135　柱销平面图

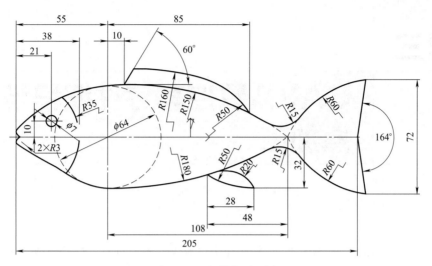

图 2-136 机器鱼平面图

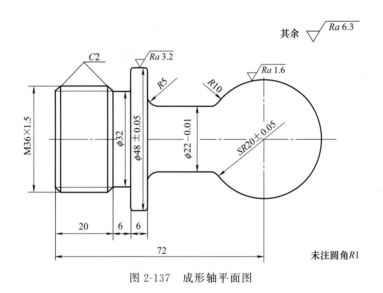

图 2-137 成形轴平面图

项目三

CAXA数控车零件编程与仿真加工

自动编程就是利用计算机专用软件编制数控加工程序的过程。CAXA 数控车是我国自主研发的一款集计算机辅助设计（CAD）和计算机辅助制造（CAM）于一体的数控车床专用软件，具有零件二维轮廓建模、刀具路径模拟、切削验证加工和后置代码生成等功能。在该软件的支持下，我们可以较好地解决曲线零件的计算机辅助设计与制造问题。本项目主要学习利用 CAXA 数控车 2015 软件对轴类零件进行编程与仿真加工的方法。

【技能目标】

- 预习数控车床编程基础知识。
- 掌握 CAXA 数控车粗加工方法。
- 掌握 CAXA 数控车精加工方法。
- 掌握 CAXA 数控车螺纹编程与加工方法。
- 掌握 CAXA 数控车成形面编程与加工方法。
- 掌握 CAXA 数控车圆柱内轮廓面编程与加工方法。

任务一　阶梯轴零件粗车加工

一、任务导入

CAXA 数控车是一种功能强大、易学易用的全中文二维复杂型面加工的 CAD/CAM 软件，通过二维图形的绘制可以实现产品的复杂加工。本任务是利用直径为 $\phi85mm$ 的棒料加工图 3-1 所示的简单阶梯轴零件，用粗车加工方式加工零件的右半部分。

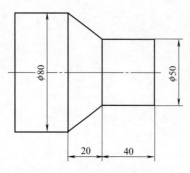

图 3-1　阶梯轴零件图

二、任务分析

该零件为简单的阶梯轴零件，经过分析，先建立工件坐标系，设 A 点为下刀点，加工区域如图 3-2 所示。这次任务用到轮廓粗车功能，做轮廓粗车时要确定被加工轮廓和毛坯轮廓，被加工轮廓就是加工结束后的工件表面轮廓，毛坯轮廓就是加工前毛坯的表面轮廓。被加工轮廓和毛坯轮廓两端点相连，两轮廓共同构成一个封闭的加工区域，在此区域的材料将被加工去除。被加工轮廓和毛坯轮廓不能单独闭合或自相交。

三、任务实施

① 轮廓建模。生成粗加工轨迹时，只须绘制要加工部分的外轮廓和毛坯轮廓，组成封闭的区域（须切除部分）即可，其余线条不必画出，如图3-3所示。

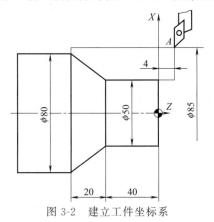

图3-2　建立工件坐标系　　　　　　　　图3-3　阶梯轴零件加工轮廓

② 单击CAXA数控车"加工"菜单，并选择"轮廓粗车"，如图3-4所示。系统弹出"粗车参数表"对话框（见图3-5），然后按要求分别填写加工参数。进退刀距离一般设置为0.5，内轮廓可根据实际情况设置，避免撞刀。

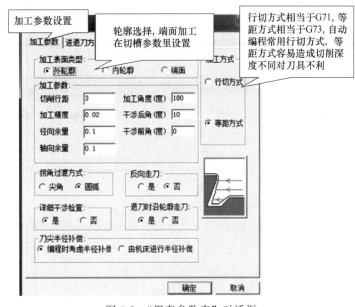

图3-4　轮廓粗车菜单　　　　　　　图3-5　"粗车参数表"对话框

③ 拾取被加工轮廓。当拾取第一条轮廓线后，此轮廓线变成红色的虚线，系统给出提示：选择方向，如图3-6所示。若被加工轮廓与毛坯轮廓首尾相连，则采用链拾取会将被加

工轮廓与毛坯轮廓混在一起；若采用限制链拾取或单个拾取，则可将被加工轮廓与毛坯轮廓区分开。如图 3-7 所示拾取被加工轮廓。

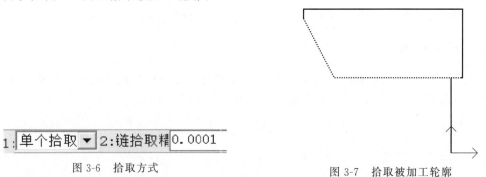

图 3-6　拾取方式

图 3-7　拾取被加工轮廓

④ 拾取毛坯轮廓。如图 3-8 所示，其拾取方法与拾取被加工轮廓类似。

⑤ 确定进退刀点。指定一点为刀具加工前和加工后所在的位置，如图 3-3 中的 *A* 点。

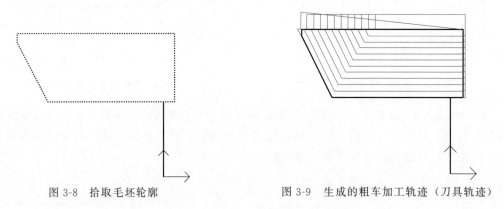

图 3-8　拾取毛坯轮廓

图 3-9　生成的粗车加工轨迹（刀具轨迹）

⑥ 生成刀具轨迹。当确定进退刀点之后，系统生成绿色的刀具轨迹，如图 3-9 所示。可以在"加工"子菜单中选择"轨迹仿真"菜单项，模拟加工过程，如图3-10所示。

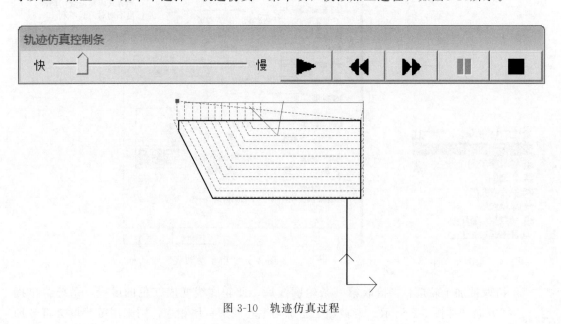

图 3-10　轨迹仿真过程

⑦ 在"加工"子菜单中选择"代码生成"菜单项，拾取刚生成的刀具轨迹，即可生成加工程序，如图 3-11 所示。

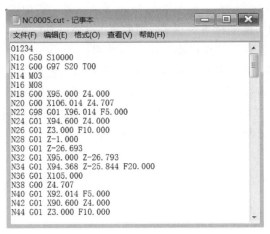

图 3-11　生成加工程序

四、知识拓展

1. CAXA 数控车实现加工的过程

（1）数控加工概述

数控加工就是将加工数据和工艺参数输入到机床，而机床的控制系统对输入信息进行运算与控制，并不断地向直接指挥机床运动的机电功能转换部件——机床的伺服机构发送脉冲信号，伺服机构对脉冲信号进行转换与放大处理，然后由传动机构驱动机床，从而加工零件。所以，数控加工的关键是加工数据和工艺参数的获取，即数控编程。数控加工一般包括以下几个内容。

① 对图样进行分析，确定需要数控加工的部分。

② 利用图形软件对需要数控加工的部分造型。

③ 根据加工条件，选择合适的加工参数生成加工轨迹（包括粗加工、半精加工、精加工轨迹）。

④ 轨迹的仿真检验。

⑤ 传给机床加工。

（2）加工主要优点

① 零件一致性好，质量稳定。因为数控机床的定位精度和重复定位精度都很高，很容易保证尺寸的一致性，而且大大减少了人为因素的影响。

② 可加工任何复杂的产品，且精度不受复杂度的影响。

③ 可降低工人的体力劳动强度，从而可提高工人体质，将节省出时间从事创造性的工作。

（3）CAXA 数控车实现加工的过程

① 根据零件图进行几何建模，即用曲线表达工件。

② 根据使用机床的数控系统设置好机床参数，这是正确输出代码的关键。

③ 根据工件形状选择加工方式，合理选择刀具及设置刀具参数，确定切削用量参数。

④ 根据工件形状，选择合适的加工方式，生成刀位轨迹。

⑤ 生成程序代码，经后置处理后传送给数控车床。

2. CAXA 数控车的坐标系

（1）卧式数控车床默认坐标系

数控车床的坐标系一般为一个二维的坐标系：XZ，其中"Z"为水平轴。而一般 CAD/CAM 系统的常用二维坐标系为 XY。为便于与 CAD 系统操作统一，又符合数控车床实际情况，CAXA 数控车在系统坐标系上作了些处理。

首先，在 CAXA 数控车系统中，图形坐标的输入仍然按照一般 CAD 系统的方式输入，使用 XY 坐标系。在轨迹生成代码时自动将 X 坐标转换为 Z 坐标，将 Y 坐标转换为 X 坐标。所以在 CAXA 数控车的界面中显示的坐标系如图 3-12 所示，括号中的坐标为输出代码时的坐标，括号外的坐标为系统图形绘制时使用的坐标。

图 3-12　卧式数控车床默认坐标系　　　　图 3-13　立式数控车默认坐标系

（2）立式数控车床默认坐标系

对于某些立式数控车床，需要使用的默认坐标系与卧式数控车床的坐标系不同。为适应此类数控车床的需求，CAXA 数控车系统提供了功能键"F5""F6"。按 F5 键为普通数控车床使用的默认坐标系，按 F6 键为立式数控车床使用的默认坐标系（见图 3-13），括号中的坐标为输出机床代码的坐标，括号外的坐标为图形绘制时使用的坐标。

3. CAXA 数控车轮廓

① 两轴加工：在 CAXA 数控车加工中，机床坐标系的 Z 轴即是绝对坐标系的 X 轴。平面图形均指投影到绝对坐标系的 XOY 面的图形。

② 轮廓：轮廓是一系列首尾相接曲线的集合，如图 3-14 所示。

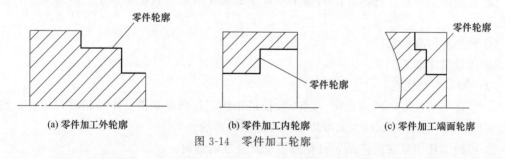

(a) 零件加工外轮廓　　　　(b) 零件加工内轮廓　　　　(c) 零件加工端面轮廓

图 3-14　零件加工轮廓

在进行数控编程及交互指定待加工图形时，常常需要用户指定毛坯的轮廓，将该轮廓用来界定被加工的表面或被加工的毛坯本身。如果毛坯轮廓是用来界定被加工表面的，则要求指定的轮廓是闭合的；如果加工的是毛坯轮廓本身，则毛坯轮廓也可以不闭合。

③ 毛坯轮廓：针对粗车，需要制定被加工件的毛坯。毛坯轮廓是一系列首尾相接曲线的集合，如图 3-15 所示。

④ 机床参数：数控车床的速度参数包括主轴转速、接近速度、进给速度和退刀速度。主轴转速是切削时机床主轴转动的角速度；进给速度是正常切削时刀具行进的线速度；接近

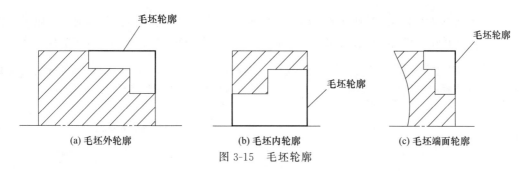

(a) 毛坯外轮廓　　　(b) 毛坯内轮廓　　　(c) 毛坯端面轮廓

图 3-15　毛坯轮廓

速度为从进刀点到切入工件前刀具行进的线速度，又称进刀速度；退刀速度为刀具离开工件回到退刀位置时刀具行进的线速度。

这些速度参数的给定一般依赖于用户的经验。原则上讲，它们与机床本身、工件的材料、刀具材料、工件的加工精度和表面粗糙度要求等相关。

⑤ 刀具轨迹：刀具轨迹是系统按给定工艺要求生成的对给定加工图形进行切削时刀具行进的路线，刀具轨迹由一系列有序的刀位点和连接这些刀位点的直线（直线插补）或圆弧（圆弧插补）组成。

任务二　门轴零件轮廓精加工

一、任务导入

编写图 3-16 所示的门轴零件轮廓精加工程序。该零件的工件坐标系原点设在图中 O 点，换刀点在 $X100$、$Z100$ 处，采用左、右手轮廓车刀各 1 把。

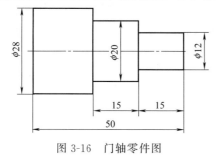

图 3-16　门轴零件图

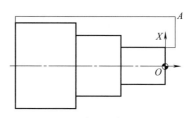

图 3-17　建立工件坐标系

二、任务分析

该门轴零件为阶梯轴零件，经过分析，先建立工件坐标系，设 A 点为下刀点，加工区域如图 3-17 所示。轮廓精车功能实现对工件外轮廓表面、内轮廓表面和端面的精车加工。做轮廓精车时要确定被加工轮廓，被加工轮廓就是粗车结束后的工件表面轮廓，被加工轮廓不能闭合或自相交。

三、任务实施

① 单击"精车"按钮 ，弹出"精车参数表"对话框。

② 填写精车"加工参数"选项卡，如图 3-18 所示；填写"进退刀方式"选项卡，如图 3-19 所示；填写"切削用量"选项卡，如图 3-20 所示；填写"轮廓车刀"选项卡，如图3-21所示。

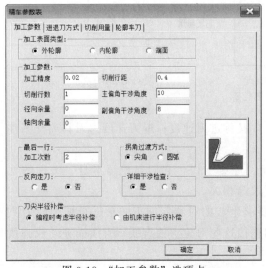

图 3-18 "加工参数"选项卡

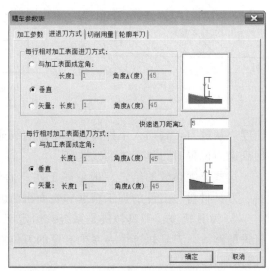

图 3-19 "进退刀方式"选项卡

图 3-20 "切削用量"选项卡

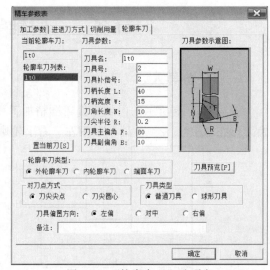

图 3-21 "轮廓车刀"选项卡

③ 单击 [确定] 按钮，系统提示栏显示"拾取被加工工件表面轮廓"，按空格键，选择"单个拾取"，依次拾取轮廓线，如图 3-22 所示。

④ 按鼠标右键，系统提示栏显示"输入进退刀点"，按鼠标左键，捕捉 A 点坐标，按回车键，生成外轮廓精加工轨迹线，如图 3-23 所示。

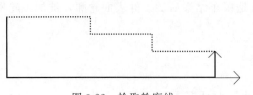

图 3-22 拾取轮廓线

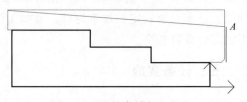

图 3-23 外轮廓精加工轨迹

⑤ 在"加工"子菜单中选择"代码生成"菜单项，拾取刚生成的刀具轨迹，即可生成加工程序，如图 3-24 所示。

四、知识拓展

1. 刀具库管理

单击刀具库管理图标，弹出"刀具库管理"对话框，如图 3-25 所示。刀具库管理包括对轮廓车刀、切槽刀具、螺纹车刀和钻孔刀具四种刀具类型的管理。在"刀具库管理"对话框中，用户可按需要添加或删除刀具，对已有刀具的参数进行修改，更换当前刀具等。

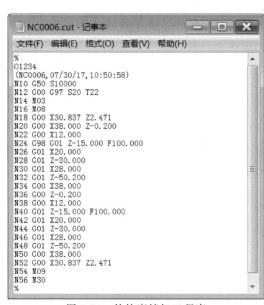

图 3-24　外轮廓精加工程序

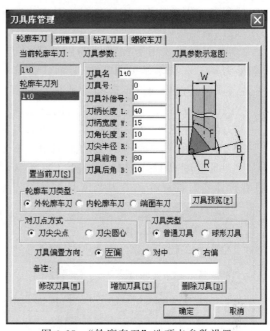

图 3-25　"轮廓车刀"选项卡参数设置

（1）轮廓车刀

轮廓车刀主要用来加工零件的内外轮廓面。在"刀具库管理"对话框中（见图 3-25）选择"轮廓车刀"选项，各选项含义如下。

"刀具名"：刀具的名称，如 lt1、lt2 等。刀具名是唯一的。

"刀具号"：机床的刀位号，用于后置处理的自动换刀指令，如 01、02 号刀。

"刀具补偿号"：刀具补偿序列号，用于建立刀补，如 01、02 号刀补。

"刀柄长度 L"：刀具可夹持段的长度。

"刀柄宽度 W"：刀具可夹持段的宽度。

"刀角长度 N"：刀具切削刃的长度。

"刀尖半径 R"：刀尖圆弧半径。

"刀具前角 F"：刀具主切削刃与工件旋转轴（Z 轴正方向）的夹角。注意：本软件定义的前角不同于车刀所定义的前角，而是车刀刀尖角与刀具副偏角的和。

"刀具后角 B"：本软件定义的后角为车刀副切削刃与工件旋转轴（Z 轴正方向）的夹角，相当于车刀的副偏角。

"当前轮廓车刀"：显示当前使用刀具的刀具名。当前刀具即在当前加工中使用的刀具，注意在加工轨迹的生成中使用的是当前刀具的刀具参数。

"轮廓车刀列"：显示刀具库中所有同类型刀具。可通过鼠标或键盘的上、下键来选择不同的刀具。

"置当前刀"：单击"置当前刀"按钮或双击所选的刀具可更改当前刀具。

"轮廓车刀类型"：设有3个单选框，用户可根据加工的需要来选择不同的车刀类型。加工外轮廓时选择外轮廓车刀，镗孔时选择内轮廓车刀，加工端面时选择端面车刀。

"刀具预览"：单击"刀具预览"按钮可预览所选择刀具的形状。

"对刀点方式"：有2个单选框，一般选择"刀尖尖点"对刀方式。

"刀具类型"：有2个单选框，一般选择"普通刀具"。

"刀具偏置方向"：分为左偏、对中、右偏，可根据实际加工需要来选择。

（2）切槽刀具

切槽刀具主要用于在零件的内外表面进行切槽加工。在"刀具库管理"对话框中选择"切槽刀具"选项，显示图3-26所示"切槽刀具"选项卡，各选项含义如下（只列出不同的主要选项，其他相同选项参阅轮廓车刀部分）。

"刀刃宽度N"：刀具主切削刃的宽度。

"刀尖半径R"：刀尖圆弧半径，切槽刀具有两处。

"刀具引角A"：切槽刀具的副偏角。

"刀具宽度W1"：刀具夹持段（刀柄W_1）与刀头之间过渡部分的宽度。注意：在设置切槽刀具的刀具宽度和刀刃宽度时，其刀刃宽度的取值一定要大于刀具宽度，否则报错。

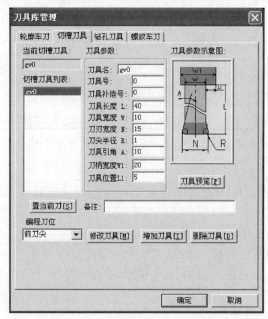

图3-26 "切槽刀具"选项卡参数设置

图3-27 "编程刀位"下拉菜单

"编程刀位"：单击"编程刀位"下拉菜单，显示图3-27所示选择项，用户可根据加工的需要选择其中的选择项。这里需要注意的是，在软件里选择的编程刀位一定要和实际加工过程中实际对刀所选择的刀尖位置相一致。如在软件中选择前刀尖，实际对刀时，切槽刀具的前刀尖即为对刀基准点。

（3）钻孔刀具

钻孔刀具主要用于在工件的纵向（Z向）打孔。在"刀具库管理"对话框中选择"钻孔刀具"选项，显示图3-28所示的"钻孔刀具"选项卡，各选项含义如下。

"刀具半径R"：所用孔加工刀具的半径值。

"刀尖角度A"：主切削刃之间的夹角。

"刀刃长度l"：承担切削任务部分的长度。

"刀杆长度L"：刀刃长度与刀柄长度的和。注意在设置钻孔刀具的参数时，刀杆的长度一定要大于刀刃的长度。

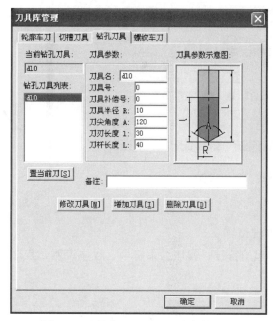
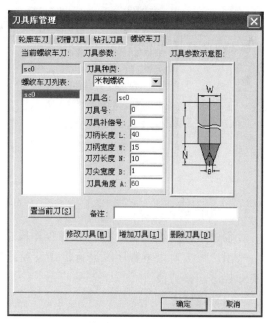

图3-28　"钻孔刀具"选项卡参数设置　　　　　图3-29　"螺纹车刀"选项卡

（4）螺纹车刀

螺纹车刀主要用于加工零件的内外螺纹。在"刀具库管理"对话框中选择"螺纹车刀"选项，显示图3-29所示的"螺纹车刀"选项卡，各选项含义如下。

"刀尖宽度B"：刀尖部分横刃的宽度（取决于螺纹的种类和螺距的大小）。

"刀具角度A"：螺纹刀具的刀尖角，等于加工螺纹的牙型角。

2. 机床设置

机床设置就是针对不同的机床、不同的数控系统，设置特定的数控代码、数控程序格式及参数，并生成配置文件。生成数控程序时，系统根据该配置文件的定义生成用户所需要的特定代码格式的加工指令。

机床设置给用户提供了一种灵活方便地设置系统配置的方法。对不同的机床进行适当的配置，具有重要的实际意义。通过设置系统配置的参数，后置处理生成的数控程序可以直接输入数控机床或加工中心进行加工，而无需进行修改。如果已有的机床类型中没有所需的机床，可增加新的机床类型以满足使用要求，并可对新增的机床进行设置。

机床参数设置包括主轴控制、数值插补方法、补偿方式、冷却控制、程序启停以及程序首尾控制符等，如图3-30所示。

在"机床类型设置"对话框中可对机床的行号地址（N＊＊＊＊）、行结束符（；）、插补方式控制、主轴控制指令、冷却液开关控制、坐标设定、补偿、延时控制、程序停止（M02）等指令进行设置。

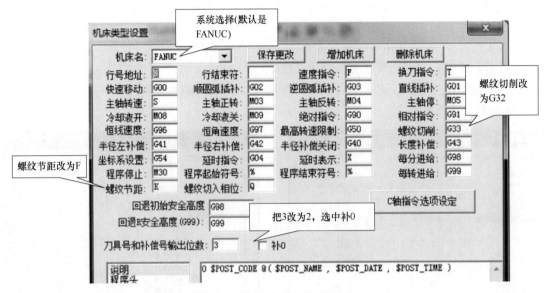

图 3-30　"机床类型设置"对话框

3. 程序格式设置

程序格式设置就是对 G 代码各程序段格式进行设置。

用户可以对以下程序段进行格式设置：程序起始符号、程序结束符号、程序说明、程序头和程序层换刀段。

（1）设置方式

字符串或宏指令@字符串或宏指令。其中宏指令为＄＋宏指令串，系统提供的宏指令串如表 3-1 所示。

表 3-1　系统提供的宏指令串

当前后置文件名	POST_NAME	当前程序号	POST_CODR
当前日期	POST_DATE	当前时间	POST_TIME
当前 X 坐标值	COORD_Y	当前 Z 坐标值	COORD_X
行号指令	LINE_NO_ADD	行结束符	BLOCK_END
直线插补	G01	圆弧插补	G02、G03
绝对指令	G90	相对指令	G91
冷却液开、关	COOL_ON；COOL_OFF	程序止	POR_STOP
左、右补偿	DCMP_LFT；DCMP_RGH	补偿关闭	DCMP_OFF
@号	换行标志	＄号	输出空格

（2）程序说明

程序说明是对程序的名称以及与此程序对应的零件名称编号、编制程序的日期和时间等有关信息的记录。程序说明部分是为了管理的需要而设置的。有了此功能项，用户可以很方便地进行管理。比如要加工某个零件时，只需要从管理程序中找到对应的程序编号即可，而不需要从复杂的程序中去逐个寻找所需的程序。

例如 N100-50123、＄POST＿NAME、＄POST＿DATE 和＄POST＿TIME，在生成的后置程序中的程序说明部分输出如下：N100　-50123，010053，2005/7/1，14：10：31。

4. 后置处理设置

后置处理设置就是针对特定的机床，结合已经设置好的机床配置，对后置输出的数控程序的格式进行设置。本功能可以设置程序段行号、程序大小、数据格式、编程方式和圆弧控制方式等。

任务三　圆柱零件切槽编程与仿真加工

一、任务导入

切槽功能用于在工件外轮廓表面、内轮廓表面和端面切槽。

本任务是利用 CAXA 数控车的切槽功能，加工图 3-31 所示零件的 $\phi 20 \times 20$ 凹槽部分，生成刀具轨迹。

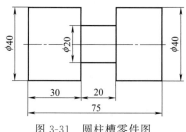

图 3-31　圆柱槽零件图

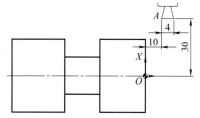

图 3-32　建立工件坐标系

二、任务分析

该零件为带圆柱槽的轴零件，经过分析，先建立工件坐标系，设 A 点为下刀点，采用宽度为 4mm 的切槽刀具，加工刀具如图 3-32 所示。切槽时要确定被加工轮廓，被加工轮廓就是加工结束后的工件表面轮廓，被加工轮廓不能闭合或自相交。

三、任务实施

① 填写参数表。根据被加工零件的工艺要求，确定切槽刀具参数，如图 3-33 所示"切槽加工参数"选项卡、图 3-34 所示"切削用量"选项卡、图 3-35 所示"切槽刀具"选项卡。

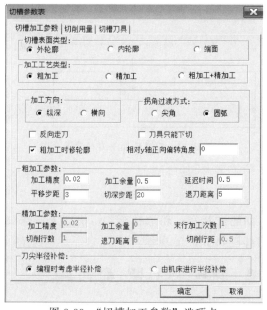

图 3-33　"切槽加工参数"选项卡

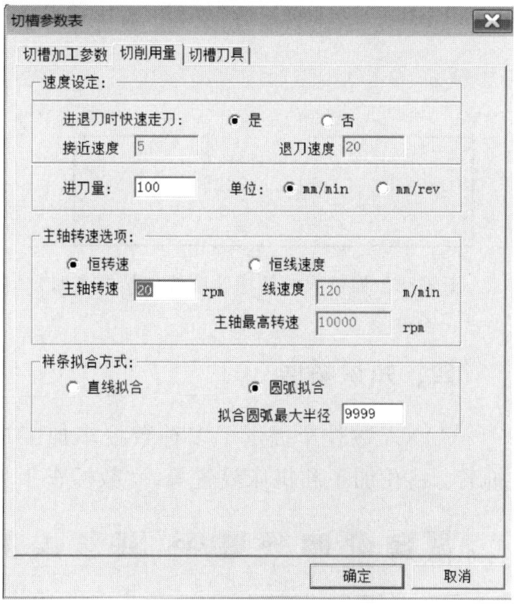

图 3-34　"切削用量"选项卡

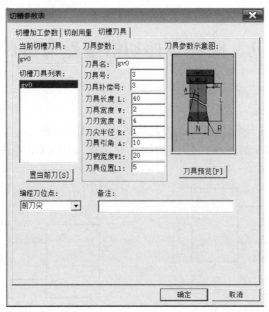

图 3-35 "切槽刀具"选项卡

② 拾取轮廓。切槽加工拾取的轮廓线如图 3-36 所示。

③ 确定进退刀点，生成刀具轨迹。图 3-37 所示为切槽粗加工刀具轨迹，图 3-38 所示为切槽精加工拾取的轮廓线，图 3-39 所示为切槽精加工刀具轨迹。

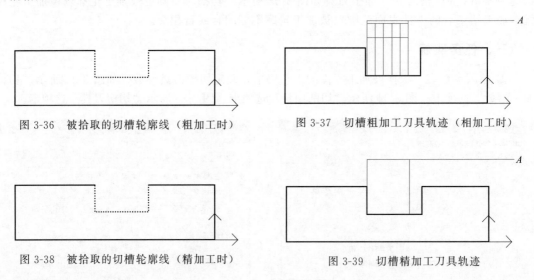

图 3-36 被拾取的切槽轮廓线（粗加工时）　　　图 3-37 切槽粗加工刀具轨迹（相加工时）

图 3-38 被拾取的切槽轮廓线（精加工时）　　　图 3-39 切槽精加工刀具轨迹

四、知识拓展

CAXA 数控车提供了多种数控车加工功能，如轮廓粗车、轮廓精车、切槽加工、螺纹加工、钻孔加工和机床设置等。"数控车工具"工具栏如图 3-40 所示。

图 3-40 "数控车工具"工具栏

1. 加工方式

（1）轮廓粗车

轮廓粗车功能用于实现对工件外轮廓表面、内轮廓表面和端面的粗车加工，用来快速清除毛坯的多余部分。

做轮廓粗车时要确定被加工轮廓和毛坯轮廓，被加工轮廓就是加工结束后的工件表面轮廓，毛坯轮廓就是加工前毛坯的表面轮廓。被加工轮廓和毛坯轮廓两端点相连，两轮廓共同构成一个封闭的加工区域，在此区域的材料将被加工去除。被加工轮廓和毛坯轮廓不能单独闭合或自相交。

（2）轮廓精车

轮廓精车功能实现对工件外轮廓表面、内轮廓表面和端面的精车加工。做轮廓精车时要确定被加工轮廓，被加工轮廓就是加工结束后的工件表面轮廓，被加工轮廓不能闭合或自相交。

（3）切槽加工

切槽功能用于在工件外轮廓表面、内轮廓表面和端面切槽。切槽时要确定被加工轮廓。被加工轮廓就是加工结束后的工件表面轮廓，被加工轮廓不能闭合或自相交。

（4）螺纹加工

螺纹加工分为螺纹固定循环和车螺纹。

螺纹固定循环采用固定循环方式加工螺纹，输出的代码适用于西门子 840C/840 控制器。

车螺纹为非固定循环方式加工螺纹，可对螺纹加工的各种工艺条件、加工方式进行更为灵活的控制。

2. 代码生成

代码生成就是按照当前机床类型的配置要求，把已经生成的加工轨迹转化成 G 代码数据文件，即 CNC 数控程序。有了数控程序，就可以直接输入机床进行数控加工。

3. 查看代码

查看代码功能是查看、编辑生成代码的内容。

4. 代码反读

（1）代码反读的功能

代码反读就是把生成的 G 代码文件反读出来，生成刀具轨迹，以检查生成的 G 代码的正确性。如果反读的刀位文件中包含圆弧插补，需用户指定相应的圆弧插补格式，否则可能得到错误的结果。若后置文件中的坐标输出格式为整数，且机床分辨率不为 1 时，反读的结果是不对的，亦即系统不能读取坐标格式为整数且分辨率为非 1 的情况。

（2）反读代码格式设置说明

圆弧控制设置主要设置控制圆弧的编程方式，即采用圆心编程方式还是采用半径编程方式。当采用圆心编程方式时，圆心坐标（I，J，K）有以下三种含义。

① 绝对坐标。采用绝对编程方式，则圆心坐标（I，J，K）的坐标值为相对于工件零点绝对坐标系的绝对值。

② 圆心相对起点。圆心坐标以圆弧起点为参考点取值。

③ 起点相对圆心。圆弧起点坐标以圆心坐标为参考点取值。

按圆心坐标编程时，圆心坐标的各种含义是针对于不同的数控机床而言的。不同机床之间，其圆心坐标编程的含义就不同，但对于特定的机床其含义只有其中的一种。当采用半径编程时，采用半径正负区别的方法来控制圆弧是劣圆弧还是优圆弧。

（3）圆弧半径 R 的含义

① 劣圆弧。圆弧小于 $180°$，R 为正值。

② 优圆弧。圆弧大于 $180°$，R 为负值。

（4）X 值

① X 值表示半径，软件系统采用半径进行编程。

② X 值表示直径，软件系统采用直径进行编程。

5. 参数修改

对生成的轨迹不满意时，可以用参数修改功能对轨迹的各种参数进行修改，以生成新的加工轨迹。

6. 轨迹仿真

（1）轨迹仿真功能

对已有的加工轨迹进行加工过程模拟，以检查加工轨迹的正确性。对系统生成的加工轨迹，仿真时用生成轨迹时的加工参数，即轨迹中记录的参数。

（2）轨迹仿真方式

① 动态仿真。动态仿真时模拟动态切削过程，不保留刀具在每一个切削位置的图像。

② 静态仿真。静态仿真过程中保留刀具在每一个切削位置的图像，直至仿真结束。

（3）注意事项

① 对系统生成的加工轨迹，仿真时用生成轨迹时的加工参数，即轨迹中记录的参数；对从外部反读进来的刀位轨迹，仿真时用系统当前的加工参数。

② 轨迹仿真分为动态仿真和静态仿真，仿真时可指定仿真的步长，用来控制仿真的速度。当步长设为 0 时，步长值在仿真中无效；当步长大于 0 时，仿真中每一个切削位置之间的间隔距离即为所设的步长。

任务四　套筒零件编程与仿真加工

一、任务导入

钻中心孔用于在工件的旋转中心钻中心孔。该功能提供了多种钻孔方式，包括高速啄式深孔钻、左攻丝、精镗孔、钻孔、镗孔和反镗孔等。

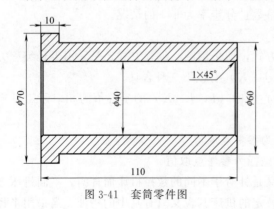

图 3-41　套筒零件图

因为车削加工中的钻孔位置只能是工件的旋转中心，所以最终所有的加工轨迹都在工件的旋转轴上，也就是系统的 X 轴（机床的 Z 轴）上。

本任务是加工如图 3-41 所示套筒零件。此零件图形比较简单，尺寸的公差较大，没有位置要求，孔的表面粗糙度为 $3.2\mu m$。

二、任务分析

在车削时，利用三爪卡盘夹零件一端，先车 ϕ60 端面，钻 ϕ35 中心孔，再粗车 ϕ60 和 ϕ70 外轮廓，再粗车内孔 ϕ40，粗车部分留一定余量（0.5mm）给精加工，有倒角的地方系统会沿着绘制的轮廓自动完成，不必单独给出加工方法，然后精车 ϕ60 和 ϕ70 外轮廓及精车孔 ϕ40，最后用切刀切断零件，保证总长 110mm。

三、任务实施

1. 绘制轮廓图形

绘制轮廓图形如图 3-42 所示。

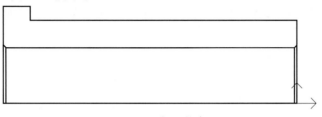

图 3-42　加工轮廓

2. 切端面

① 先画出端面加工毛坯图，然后选择轮廓粗车图标 并修改参数表面加工类型为车端面，加工角度为 −90°轮廓车刀类型为端面车刀，参看图 3-43。

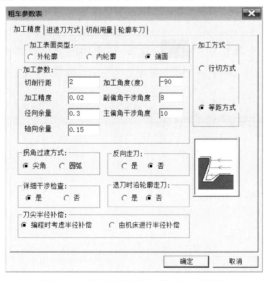

图 3-43　端面"粗车参数表"对话框

② 设定好参数后确定。用单个拾取，拾取端面加工轮廓，如图 3-44 所示。

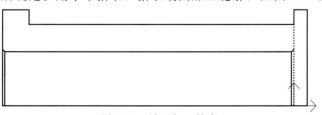

图 3-44　端面加工轮廓

③ 拾取毛坯，用限制链拾取拾取毛坯轮廓（见图3-45），被加工轮廓和毛坯轮廓形成封闭区域。

图 3-45　毛坯轮廓

④ 拾取完后确认，拾取进退刀点，在轮廓外选择一点 A，生成端面加工走刀轨迹，如图 3-46 所示。

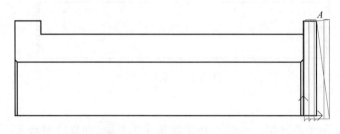

图 3-46　端面加工走刀轨迹

3. 钻孔

单击"数控车工具"工具栏中的 按钮，在弹出的对话框中修改钻孔深度为120，刀具为半径17.5（见图3-47），然后单击"确定"按钮。拾取钻孔进刀点（拾取坐标中心），生成轨迹如图3-48所示。

图 3-47　"加工参数"选项卡　　　　　　图 3-48　孔加工轨迹

4. 粗车外轮廓

① 先画好外轮廓毛坯图，如图 3-49 所示。

② 单击 "数控车工具" 工具栏中的 ，在弹出的对话框中修改参数如图 3-50 所示。注意：加工角度为 180°，轮廓车刀为外轮廓车刀。设置好参数后单击 "确定" 按钮。

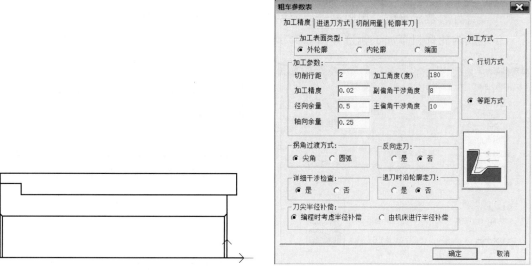

图 3-49　外轮廓毛坯

图 3-50　粗车外轮廓参数设置对话框

③ 拾取加工表面轮廓，用限制链拾取如图 3-51 所示。

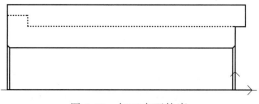

图 3-51　加工表面轮廓

④ 拾取毛坯如图 3-52 所示，毛坯轮廓和被加工轮廓构成了封闭的区域。

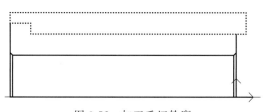

图 3-52　加工毛坯轮廓

⑤ 按鼠标右键确定，给定进退刀点 A。自动生成外轮廓粗车加工轨迹如图 3-53 所示。

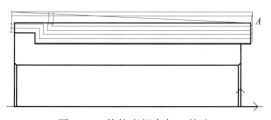

图 3-53　外轮廓粗车加工轨迹

5. 内轮廓粗车

① 先画出内轮廓毛坯图，单击"数控车工具"工具栏中的 ，在弹出的对话框中修改轮廓类型为内轮廓加工，车刀为内轮廓车刀，如图 3-54 所示。

② 设置好参数后确定，用限制链拾取轮廓，再拾取毛坯轮廓如图 3-55 所示。

③ 生成内轮廓粗车加工轨迹如图 3-56 所示。

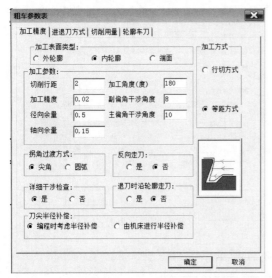

图 3-54　内轮廓"粗车参数表"对话框

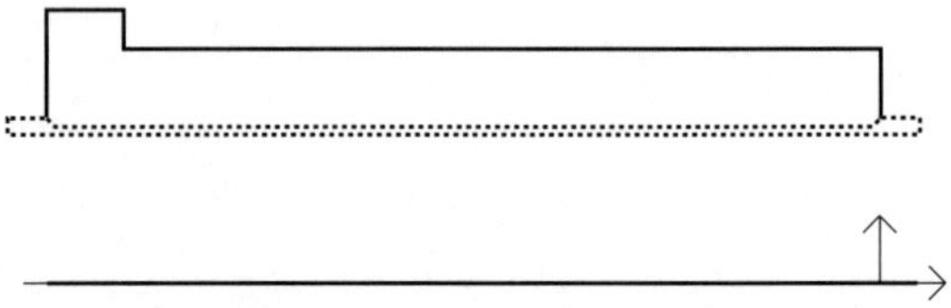

图 3-55　内轮廓粗车毛坯轮廓

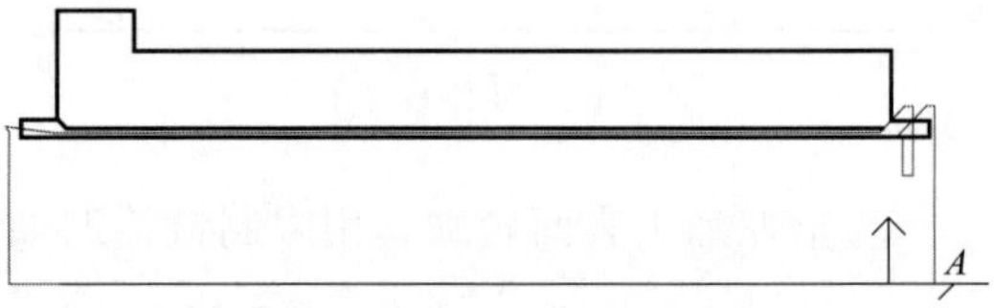

图 3-56　内轮廓粗车加工轨迹

6. 外轮廓精车

① 从"数控车工具"工具栏选择  进行轮廓精车，修改参数如图 3-57 所示。

注意：轮廓为外轮廓，加工余量为 0，轮廓车刀为外轮廓车刀。

② 设置好参数后单击"确认"按钮，按图 3-58 所示拾取轮廓。

③ 确认后给定进退刀点 A，生成外轮廓精车加工轨迹如图 3-59 所示。

图 3-57　外轮廓"精车参数表"对话框

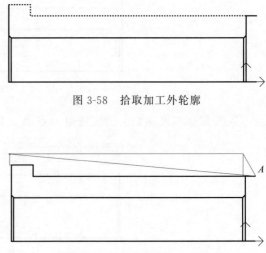

图 3-58　拾取加工外轮廓

图 3-59　外轮廓精车加工轨迹

7．内轮廓精车

① 从"数控车工具"工具栏选择 进行轮廓精车，修改参数如图 3-60 所示。

② 确定后拾取轮廓，如图 3-61 所示。

③ 确定后给定退刀点 A，生成轨迹如图 3-62 所示。

图 3-60　内轮廓"精车参数表"对话框

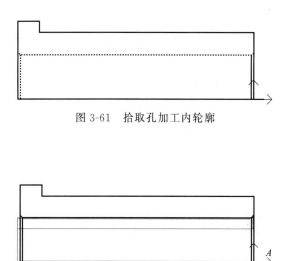

图 3-61　拾取孔加工内轮廓

图 3-62　内轮廓精车加工轨迹

8．切断

① 先画出切断轮廓图，然后选择"数控车工具"工具栏中 ，修改切槽加工参数如图 3-63 所示。

"切槽刀具"选项卡参数设置如图 3-64 所示。

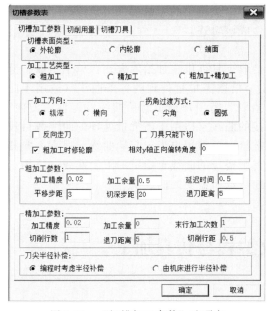

图 3-63　"切槽加工参数"选项卡

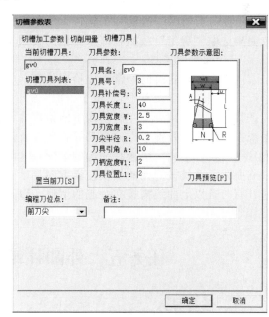

图 3-64　"切槽刀具"选项卡

② 拾取轮廓如图 3-65 所示。

③ 生成切断加工轨迹如图 3-66 所示。

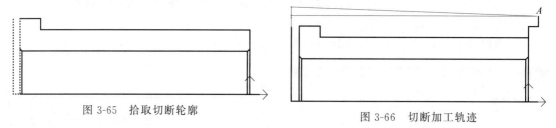

图 3-65 拾取切断轮廓

图 3-66 切断加工轨迹

9. 生成 G 代码

根据相应的机床设置好后置处理，然后拾取相应的轨迹生成 G 代码。

四、知识拓展

1. 钻中心孔

该功能用于在工件的旋转中心钻中心孔。该功能提供了多种钻孔方式，包括高速啄式深孔钻、左攻丝、精镗孔、钻孔、镗孔、反镗孔等。

因为车加工中的钻孔位置只能是工件的旋转中心，所以最终所有的加工轨迹都在工件的旋转轴上，也就是系统的 X 轴（机床的 Z 轴）上。

钻中心孔操作步骤：在"数控车"子菜单区中选取"钻中心孔"功能项，弹出加工参数表对话框。用户可在该参数表对话框中确定各参数。确定各加工参数后，拾取钻孔的起始点，因为轨迹只能在系统的 X 轴上（机床的 Z 轴上），所以把输入的点向系统的 X 轴投影，得到的投影点作为钻孔的起始点，然后生成钻孔加工轨迹。拾取完钻孔点之后即生成加工轨迹。

2. 轨迹参数修改

对生成的轨迹不满意时可以用参数修改功能对轨迹的各种参数进行修改，以生成新的加工轨迹。

轨迹参数修改操作步骤：在"数控车"子菜单区中选取"参数修改"菜单项，则提示用户拾取要进行参数修改的加工轨迹。拾取轨迹后将弹出该轨迹的参数表供用户修改。参数修改完毕选取"确定"按钮，即依据新的参数重新生成该轨迹。

3. 轮廓拾取工具

由于在生成轨迹时经常需要拾取轮廓，轮廓拾取工具提供三种拾取方式：单个拾取、链拾取和限制链拾取。其中："单个拾取"需用户挨个拾取需批量处理的各条曲线（适用于曲线条数不多且不适于"链拾取"的情形）；"链拾取"需用户指定起始曲线及链搜索方向，系统按起始曲线及搜索方向自动寻找所有首尾搭接的曲线（适用于需批量处理的曲线数目较大且无两条以上曲线搭接在一起的情形）；"限制链拾取"需用户指定起始曲线、搜索方向和限制曲线，系统按起始曲线及搜索方向自动寻找首尾搭接的曲线至指定的限制曲线（适用于避开有两条以上曲线搭接在一起的情形，以正确地拾取所需要的曲线）。

任务五   外圆柱螺纹编程与仿真加工

一、任务导入

螺纹加工为非固定循环方式加工。可对螺纹加工中的各种工艺条件、加工方式等进行更为灵活的控制。车螺纹加工的操作步骤如下所述。

加工图 3-67 所示圆柱螺纹零件，已知螺纹外径已车至 29.8mm，退刀槽已加工完成，工件材料为 45 钢，用 CAXA 数控车 2015 软件编制该零件的螺纹加工程序。

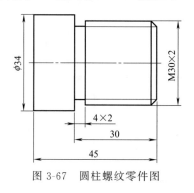

图 3-67　圆柱螺纹零件图

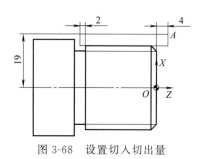

图 3-68　设置切入切出量

二、任务分析

这是一个螺距等于 2mm 的普通三角形螺纹，牙深等于 1.299mm，设定切入量为 4mm，切出量为 2mm，画出螺纹起点、终点便于加工时拾取，如图 3-68 所示。

三、任务实施

① 绘制螺纹加工图，并画出螺纹加工起始点和终止点，并画出切入点 A，如图 3-69 所示。

② 在"加工"菜单中选择"车螺纹"菜单项或单击"数控车工具"工具栏中的图标 $\unicode{x2014}$，根据系统提示分别拾取螺纹的起点和终点，拾取完成后弹出"螺纹参数表"对话框，单击"螺纹参数"选项卡，显示图 3-70 所示的对话框。加工表面类型选择"外轮廓"，设置各项参数（起点和终点坐标也可在对话框手动输入），转速＝500r/min，刀刃宽度＝0.125。

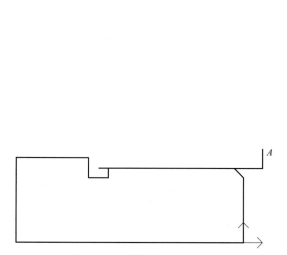

图 3-69　绘制螺纹切入起终点

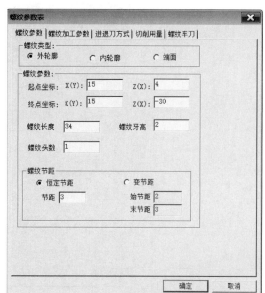

图 3-70　"螺纹参数表"对话框

③ 参数填写完毕，单击"确定"按钮，退出"螺纹参数表"对话框。拾取 *A* 点，系统自动生成图 3-71 所示的螺纹加工轨迹。

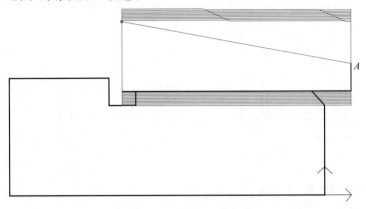

图 3-71　螺纹加工轨迹

④ 单击"数控车工具"工具栏中的"代码生成"图标 ，弹出"选择后置文件"对话框。在文件名输入栏中输入"ydm"，然后单击"确定"按钮。根据系统提示拾取加工轨迹，按鼠标右键系统调用"记事本"程序打开一个后缀名为".cut"的螺纹加工程序。

四、知识拓展

"车螺纹"功能为非固定循环方式加工螺纹，可对螺纹加工中的各种工艺条件、加工方式进行更为灵活的控制。

操作步骤：在"数控车"子菜单区中选取"车螺纹"功能项，依次拾取螺纹起点和终点。

拾取完毕，弹出加工参数表，如图 3-72 所示。前面拾取点的坐标也将显示在参数表中。用户可在该参数表对话框中确定各加工参数。参数填写完毕，选择"确认"按钮，即生成螺纹车削刀具轨迹。

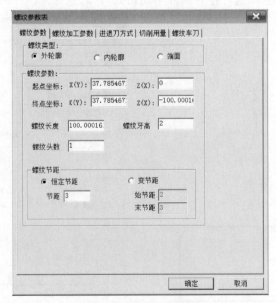

图 3-72　车螺纹参数表

在"数控车"菜单区中选取"生成代码"功能项，拾取刚生成的刀具轨迹，即可生成螺纹加工指令。

任务六　外圆锥面螺纹编程与仿真加工

一、任务导入

加工如图 3-73 所示圆锥螺纹零件，已知螺纹导程为 1mm，退刀槽已加工完成，每次背吃刀量为 0.7mm、0.4mm、0.2mm，工件材料为 45 钢，用 CAXA 数控车 2015 软件螺纹固定循环功能编写锥螺纹加工程序。

二、任务分析

运用螺纹切削复合循环指令编程，刀尖为 60°，最小切深取 0.1mm，精加工余量取 0.2mm，螺纹高度为 0.649mm，第一次切深取 0.7mm（直径差），螺距为 1mm。加工工件坐标系设置如图 3-74 所示。

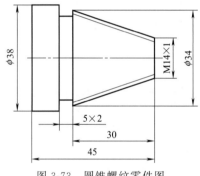

图 3-73　圆锥螺纹零件图

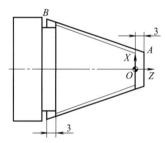

图 3-74　圆锥螺纹加工工件坐标系设置

三、任务实施

① 在"数控车"子菜单区中选取"螺纹固定循环"功能项，依次拾取螺纹起点、终点，如图 3-75 所示。

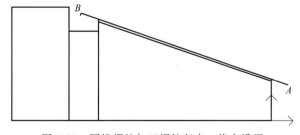

图 3-75　圆锥螺纹加工螺纹起点、终点设置

② 拾取完毕，弹出加工参数表，如图 3-76 所示。前面拾取点的坐标也将显示在参数表中。用户可在该参数表对话框中确定各加工参数。

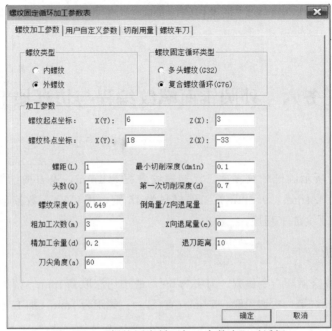

图 3-76　"螺纹固定循环加工参数表"对话框

③ 参数填写完毕，选择"确认"按钮，即生成螺纹车削刀具轨迹，如图 3-77 所示。

④ 在"数控车"菜单区中选取"生成代码"功能项，拾取刚生成的刀具轨迹，即可生成螺纹加工程序，如图 3-78 所示。

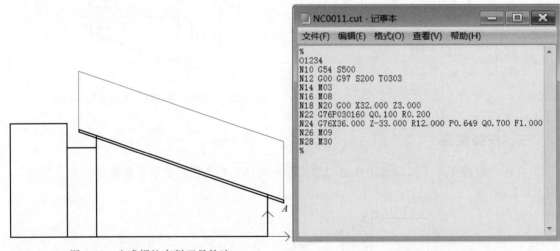

图 3-77　生成螺纹车削刀具轨迹

图 3-78　螺纹固定循环加工程序

在 CAXA 数控车输出程序段中，所有车螺纹程序段 G32 …… F2 中的 F2 表示螺距为 2mm，加工单线螺纹时无需修改。

⑤ 将修改好的三线螺纹程序代码输入到数控车床系统中，进行程序校验，试切加工。

四、知识拓展

"螺纹固定循环"操作步骤：在"数控车"子菜单区中选取"螺纹固定循环"功能项，

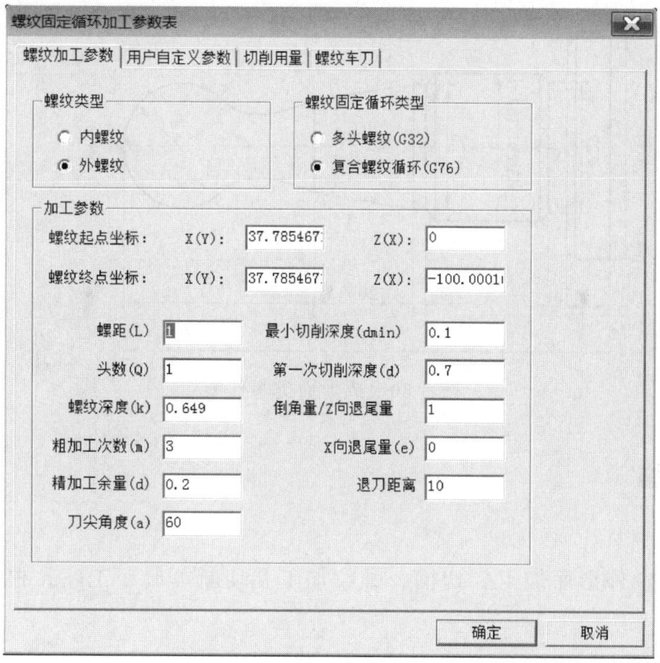

图 3-79　"螺纹固定循环加工参数表"对话框

依次拾取螺纹起点、终点。拾取完毕，弹出"螺纹固定循环加工参数表"对话框，如图 3-79 所示。前面拾取点的坐标也将显示在参数表中。用户可在该参数表对话框中确定各加工参数。

参数填写完毕，选择"确认"按钮，即生成螺纹车削刀具轨迹。

在"数控车"子菜单区中选取"生成代码"功能项，拾取刚生成的刀具轨迹，即可生成螺纹加工指令。

任务七　成形面类零件编程与仿真加工

一、任务导入

车成形面是指用车刀车削工件的成形面，常用于切削加工工艺与设备。本任务是加工图 3-80 所示的工件，毛坯为 φ50mm×120mm 的 45 钢棒料，试确定其加工工艺并编写加工程序。

二、任务分析

该零件的毛坯尺寸为 φ50mm×120mm，材料为 45 钢，需要加工外圆面并倒角，有两个槽。确定加工路线为粗车外圆、精车外圆并倒角至尺寸要求，最后切 5mm 窄槽。加工凸圆弧面，使用的刀具有成形车刀、棱形偏刀及尖刀。加工半圆形表面选用成形车刀，加工精度较低的凸圆弧可选用尖刀，加工圆弧表面后还需车台阶时应选用棱形偏刀。选用尖刀及棱形偏刀时，主副偏角应足够大，否则加工时会发生干涉现象。

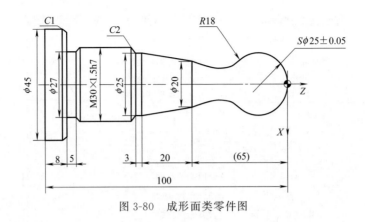

图 3-80　成形面类零件图

三、任务实施

1. 工艺分析

该零件包括复杂外形面加工、切槽、螺纹加工和切断等典型工序。根据加工要求选择刀具与切削用量。

2. 编制加工程序

（1）粗加工

① 轮廓建模。绘制粗加工部分的外轮廓和毛坯轮廓，如图 3-81 所示。

图 3-81　粗加工外轮廓和毛坯轮廓

② 确定粗车参数。根据被加工零件的工艺要求，确定粗车加工工艺参数。

③ 单击 CAXA 数控车"加工"菜单，选择"轮廓粗车"，系统会弹出"粗车参数表"对话框。填写"粗车参数表"的"加工参数""进退刀方式""切削用量""轮廓车刀"选项卡。

④ 以单个拾取方式分别拾取被加工轮廓和毛坯轮廓。

⑤ 确定进退刀点。拾取轮廓后，系统提示输入进退刀点。该零件的进退刀点设置在 Z130、X90 处。

⑥ 生成的粗加工的刀具轨迹如图 3-82 所示。利用系统提供的模拟仿真功能进行刀具轨迹模拟，验证刀具路径是否正确。

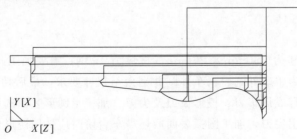

图 3-82　粗加工的刀具轨迹

⑦ 代码生成。选择"代码生成"子菜单项，系统弹出"选择后置文件"对话框。根据所使用数控车床数控系统的程序文件格式，填入相应的文件名，如图 3-83 所示。

图 3-83　"选择后置文件"对话框

⑧ 选择需要生成代码的轨迹，单击"确定"按钮，即可生成所选轮廓的粗加工代码，如图 3-84 所示。

⑨ 代码修改。由于所使用的数控系统的编程规则与软件的参数设置有差异，故生成的数控程序需进一步修改。

⑩ 代码传输。由软件生成的加工程序，通过 R232 串行口，可以直接传输给数控机床。

图 3-84　生成粗加工程序

（2）精加工

精加工编程的主要步骤如下。

① 轮廓建模。编制精加工程序时只需要被加工零件的表面轮廓。

② 确定精车参数。根据被加工零件的工艺要求，确定精车加工工艺参数。

③ 在"加工"菜单中选择"轮廓精车"菜单项或单击"数控车工具"工具栏的图标，系统弹出"精车参数表"对话框，填写"精车参数表"对话框的"加工参数""进退刀方式"

"切削用量""轮廓车刀"选项卡。

④ 以链拾取方式拾取精加工轮廓，设置进退刀点为 $Z130$、$X90$。

⑤ 生成刀具精加工轨迹，如图 3-85 所示。

⑥ 生成精加工程序代码，程序文件为％0020，如图 3-86 所示。

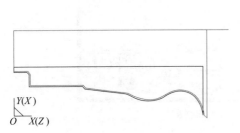

图 3-85　精加工轨迹

图 3-86　生成精加工程序代码

（3）切槽加工

切槽加工的主要步骤如下。

① 轮廓建模。

② 确定切槽加工参数。根据被加工零件的工艺要求，确定切槽加工参数。

③ 在"加工"菜单中选择"切槽"菜单项或单击数控车功能工具条的图标，系统弹出"切槽参数表"对话框。填写"切槽加工参数""切削用量""切槽刀具"选项卡。

④ 以单个拾取方式拾取精加工轮廓，设置进退刀点为 $Z130$、$X90$。

⑤ 生成切槽加工刀具轨迹，如图 3-87 所示。然后进行刀具轨迹的模拟仿真。

⑥ 生成切槽加工程序。程序文件为％0030，如图 3-88 所示。

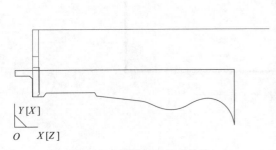

图 3-87　切槽加工刀具轨迹

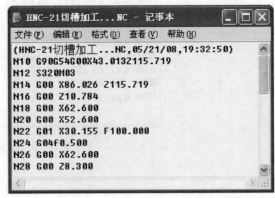

图 3-88　生成切槽加工程序

（4）螺纹加工

螺纹加工编程步骤如下。

① 轮廓建模。

② 确定螺纹加工参数。根据被加工零件的工艺要求，确定螺纹加工参数。

③ 单击"数控车工具"工具栏中的图标，依次拾取螺纹起点和终点。拾取完毕，弹出"螺纹参数表"对话框，分别填写"进退刀方式""切削用量""螺纹车刀""螺纹参数""螺纹加工参数"选项卡。

④ 以单个拾取方式拾取精加工轮廓，这里进退刀点为 $Z130$、$X90$。

⑤ 生成螺纹（粗＋精）加工的刀具轨迹，如图 3-89 所示。然后进行刀具轨迹的模拟仿真。

⑥ 生成螺纹加工程序。程序文件为％0040，如图 3-90 所示。

四、知识拓展

1. 机床后置处理设置

CAXA 数控车安装后需对一些参数进行调整（以 FANUC 系统为参考的设置），在"数控车"子菜单区中选取"后置设置"功能项，系统弹出"后置处理设置"对话框，如图 3-91 所示。

① 机床系统：首先，数控程序必须针对特定的数控机床。特定的配置才具有加工的实际意义，所以后置设置必须先调用机床配置。用鼠标拾取"机床名"一栏就可以很方便地从配置文件中调出机床的相关配置。图 3-91 中调用的为 LATHE1 数控系统的相关配置。

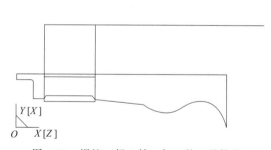

图 3-89　螺纹（粗＋精）加工的刀具轨迹

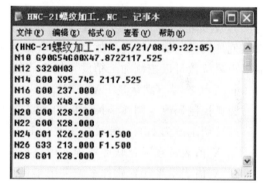

图 3-90　生成螺纹加工程序

② 输出文件最大长度：输出文件长度可以对数控程序的大小进行控制，文件大小控制以 KB（字节）为单位。当输出的代码文件长度大于规定长度时系统自动分割文件。例如，当输出的 G 代码文件 post.ISO 超过规定的长度时，就会自动分割为 post0001.ISO、post0002.ISO、post0003.ISO 和 post0004.ISO 等。

③ 行号设置：程序段行号设置包括行号的位数、行号是否输出、行号是否填满、起始行号以及行号递增数值等。是否输出行号：选中行号输出则在数控程序中的每一个程序段前面输出行号，反之亦然。行号是否填满是指行号不足规定的行号位数时是否用 0 填充。行号填满就是不足所要求的行号位数的前面补零，如 N0028；反之亦然，如 28。行号递增数值就是程序段行号之间的间隔。如 N0020 与 N0025 之间的间隔为 5，建议用户选取比较适中的递增数值，这样有利于程序的管理。

④ 编程方式设置：有绝对编程 G90 和相对编程 G91 两种方式。

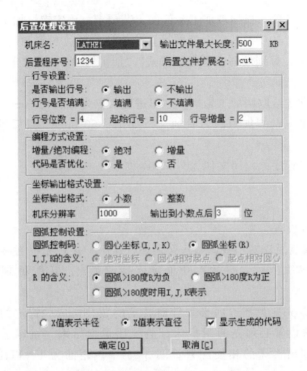

图 3-91 "后置处理设置"对话框

⑤ 坐标输出格式设置：决定数控程序中数值的格式：小数输出还是整数输出。机床分辨率就是机床的加工精度，如果机床精度为 0.001mm，则分辨率设置为 1000，以此类推；输出小数位数可以控制加工精度。但不能超过机床精度，否则是没有实际意义的。

⑥ 系统选择（默认是 FANUC）。

圆弧控制码改为圆弧坐标，R 的含义改为圆弧＞180°时用（I，J，K）表示。

螺纹切削改为 G32，螺纹节距改为 F，把 3 改为 2，选中补 0。

⑦ X 值表示直径：软件系统采用直径编程。

⑧ X 值表示半径：软件系统采用半径编程。

⑨ 显示生成的代码：选中时系统调用 Windows 记事本显示生成的代码，如代码太长，则提示用写字板打开。

⑩ 后置文件扩展名和后置程序号：后置文件扩展名是控制所生成的数控程序文件名的扩展名。有些机床对数控程序要求有扩展名，有些机床没有这个要求，应视不同的机床而定。

后置程序号是记录后置设置的程序号，不同的机床其后置设置不同，所以采用程序号来记录这些设置，以便于用户日后使用。

2. 粗车参数设置

行切方式相当于 G71，等距方式相当于 G73，自动编程时常用行切方式，等距方式容易造成切削深度不同对刀具不利。快速退刀距离一般设置为 0.5，内轮廓可根据实际情况设置，避免撞刀。刀具号与刀具补偿号为 "T0101" 中的两个 1，表示 1 号刀 1 号刀补。刀尖半径根据刀具实际情况设置。刀具后角与加工参数设置中的干涉后角相同，其余参数基本不设置，使用默认值。

3. 切槽参数设置

加工方向改为纵深，横向会造成刀具损坏；加工余量不可太大，一般设为 0.1；平移步距小于刀刃宽度，退刀距离太远会延长加工时间。

刀具宽度小于刀刃宽度，刀尖半径根据实际情况确定。球头刀刀具半径为刀刃宽度的一半，其余使用默认值。

项 目 小 结

CAXA 绘图要以界面上的零点为基准。后置处理出来的程序坐标也是以界面上的零点为基准的。也就是说绘图界面上的零点，和加工时工件坐标系的原点是重合的。

数控车床适用于加工具有回转体表面的零件。对于简单的回转体零件，一般采用手工编程方式，但一些相对复杂的曲线（如椭圆、抛物线等非圆二次曲线）的轮廓，手工编程则需要利用宏程序，工作效率较低。这类零件的程序编制一般选择自动编程来实现，既能提高数控车削精度又能提高编程效率。

思考与练习

一填空题

1. 编程方式设置有（　　）编程 G90 和（　　）编程 G91 两种方式。

2. 后置参数设置包括（　　）、（　　）、（　　）、（　　）和（　　）。

3. CAXA 数控车支持的刀具类型包括（　　）、（　　）、（　　）和（　　）。

4. 数控车床的速度参数包括（　　）、（　　）、（　　）和（　　）。

5. 轮廓粗车功能主要用于对工件（　　）表面、（　　）表面和（　　）表面的粗车加工，用于快速消除毛坯多余部分（　　）的生成、轨迹仿真以及（　　）的提取。

6. 当系统提示用户拾取被加工工件表面轮廓时，系统默认拾取方式为（　　）拾取。按空格键弹出工具菜单，系统提供 3 种拾取方式供用户选择，它们分别是（　　）方式、（　　）方式和（　　）方式。

7. 指定一点为刀具加工前和加工后所在的位置，该点为进退刀点。若单击鼠标（　　），可忽略该点的输入。

二、选择题

1. 刀具库管理功能用于定义和确定刀具的有关数据，以便于用户从刀具库中获取刀具信息，对刀具库进行维护。该功能包括（　　）刀具类型的管理。

A. 轮廓车刀、切槽刀具　　　　　　　B. 螺纹车刀和钻孔刀具

C. 以上都包括

2. 显示刀具库中所有同类型刀具的名称，可通过（　　）选择不同的刀具名，刀具参数表将显示所选刀具的参数。

A. 鼠标或↑、↓键和回车键　　　　　B. 鼠标或↑、↓键

C. Shift 键和↑、↓键

3. 刀具的系列号，用于（　　）指令。

A. 后置处理和自动换刀　　　　　　　B. 后置处理的自动换刀

C. 刀具的自动补偿

4. 车端面时，默认加工方向应垂直于系统 X 轴，即加工角度为（　　）。

A. −90°或270°　　　　　　B. 90°或270°　　　　　　C. 90°或−270°

5. 矢量进刀是指（　　　）。

A. 刀具直接进刀到每一切削行的起始点

B. 在每一切削行前加入一段与系统 X 轴（机床 Z 轴）正方向成一定夹角的进刀段

C. 对加工表面部分进行切削时的进刀方式

三、判断题

1. 切削被加工工件时，刀具切到了不应该被切到的部分，称为出现干涉现象。（　　　）

2. 使用曲线裁剪功能，其中快速裁剪、点裁剪和线裁剪具有投影裁剪功能。（　　　）

3. 当操作中需要输入某点的坐标时，可使用空格键弹出坐标数据输入对话框。（　　　）

4. 在 CAXA 数控车中，使用机床设置功能对程序格式进行修改，使用的是宏程序，而不是直接使用 G、M 指令。（　　　）

5. 进行轮廓粗车操作时，一定要注意被加工轮廓与毛坯轮廓必须两端点相连，共同构成一个封闭的加工区域。（　　　）

6. 在轮廓粗车操作中，当拾取了第一条轮廓线后，系统提示选择方向，此方向为刀具加工的前进方向。（　　　）

四、简答题

1. 在刀具库管理中置当前刀的作用是什么？

2. 机床设置与后置处理的作用是什么？

3. 什么时候应该进行机床设置与后置处理？

4. CAXA 数控车系统中的轮廓粗车对被加工轮廓与毛坯轮廓有哪些要求？

5. 在绘制被加工轮廓与毛坯轮廓时应注意哪些问题？

6. 在拾取被加工轮廓与毛坯轮廓时应采用哪些方式？

7. 切槽时被加工轮廓如何拾取？

五、作图题

1. 绘制如图 3-92 所示零件的外圆轮廓线和毛坯轮廓线，并生成数控加工程序。

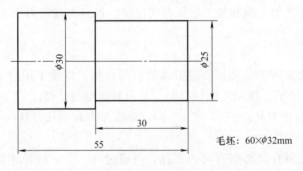

图 3-92　轴零件图

2. 以编写图 3-93 所示的轧辊零件轮廓精加工程序为例，说明 HNC-21T 数控车系统的机床设置与后置处理的方法。该零件的工件坐标系原点设在图中 O 点，换刀点在 X100、Z100 处，采用左、右手轮廓车刀各 1 把。

3. 如图 3-94 所示工件，毛坯为 φ25mm×67mm 的 45 钢棒料，确定其加工工艺并编写加工程序。

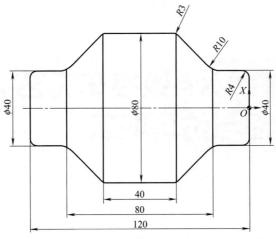

图 3-93　轧辊零件图

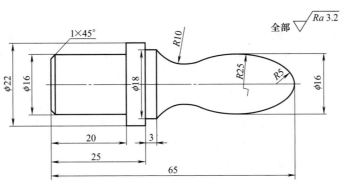

图3-94　成形面零件图

项目四

CAXA数控车工艺品零件编程与仿真加工

数控车床除了可以加工轴类、套类、圆锥类工件外，也可以加工一些标准的回转体特性面零件及工艺品。对于简单的回转体零件，一般采用手工编程方式，但一些相对复杂的曲线（如椭圆、抛物线等非圆二次曲线）的轮廓，手工编程则需要利用宏程序，工作效率较低。这类零件的程序编制一般选择自动编程来实现，既能提高数控车削精度又能提高编程效率。本项目主要学习利用 CAXA 数控车 2015 软件编写子弹头挂件、酒杯等工艺品零件的数控加工程序。

【技能目标】
- 认识 CAXA 数控车的用户界面，熟悉 CAXA 数控车工具栏的作用。
- 掌握 CAXA 数控车图层管理功能，学会分层绘制图素。
- 掌握工具栏功能图标的操作方法，提高作图效率。
- 掌握 CAXA 数控车视图控制方法。

任务一　子弹挂件零件编程与仿真加工

一、任务导入

子弹也可以说是集物理学、化学、材料学、空气动力学以及工艺于一身的文明产物。子弹作为一种技术含量很高的产品，也可以作为一种供欣赏的工艺品。本任务是利用 CAXA 数控车 2015 软件进行子弹挂件零件编程与仿真加工。子弹挂件零件形状如图 4-1 所示，材

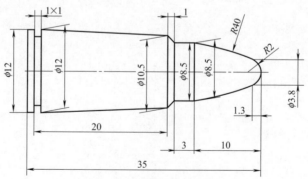

图 4-1　子弹挂件零件图

料为直径为 16mm 的铜棒，长度为 40mm。

二、任务分析

图 4-1 所示为一个子弹挂件零件，其结构较为简单，除具备阶台轴零件的阶台特征外，具备一个圆锥半角为 6°的锥面、一个 1mm 沟槽、一个 R40 特性面。尺寸结构较为简单，因零件没实际使用价值，因此没有公差、精度要求。加工工艺为：选用 35°外圆机夹车刀车削外圆→提高转速进行外圆的加工→换切槽刀进行保尺寸切槽切断→工件加工完成。

三、任务实施

① 双击桌面的图标 ，启动 CAXA 数控车 2015r1 软件。

② 单击"属性"工具栏上线型设置，选择细实线图层，画中心线。

③ 单击"绘图工具"工具栏中"直线"按钮 ✏，左下角出现图 4-2 所示的直线立即菜单。在直线立即菜单中选择"两点线""正交""长度方式"，长度设为 40。指定第一点为坐标中心，移动鼠标向左直接单击画出中心线，如图 4-3 所示。

图 4-2　直线立即菜单

图 4-3　绘制中心线

④ 选择粗实线图层，画轮廓线。同样从坐标中心开始绘制向上 6mm 直线，立即菜单如图 4-4 所示。

图 4-4　直线立即菜单

⑤ 单击"绘图工具"工具栏中的"等距线"按钮 ⛶。等距功能默认为指定距离方式。设置距离为 35，立即菜单如图 4-5 所示。按系统提示拾取曲线，选择方向，等距线可自动绘出，如图 4-6 所示。

图 4-5　等距线立即菜单

图 4-6　绘制等距线

⑥ 同样用画直线方式绘制其他轮廓线，如图 4-7 所示。

⑦ 单击"绘图工具"工具栏中的"圆"按钮 ⊕。在左下角设置图 4-8 所示的圆立即菜

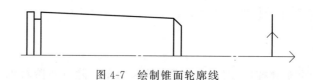

图 4-7　绘制锥面轮廓线

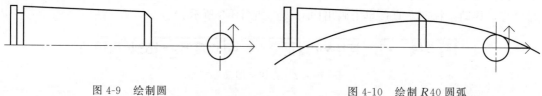

图 4-8　圆立即菜单

单，输入圆心坐标（－2，0），然后输入半径2，圆线自动绘出，如图4-9所示。

⑧ 单击"绘图工具"工具栏中的"圆"按钮⊕。在立即菜单设置"两点半径"，首先在 $R2$ 圆周右上面捕捉切点，然后输入下一点坐标（－13，4），输入半径 40，$R40$ 圆弧自动绘出，如图 4-10 所示。

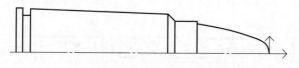

图 4-9　绘制圆　　　　　　　　　　　　　　图 4-10　绘制 $R40$ 圆弧

⑨ 单击并选择"修改"下拉菜单中的"裁剪"命令或在"编辑工具"工具栏单击"裁剪"按钮✄。用光标拾取要被裁剪掉的线段，待按下鼠标左键后，将被拾取的线段裁剪掉。最后删除多余的线条，结果如图4-11所示。

图 4-11　绘制子弹挂件上半部分

注意：

a. 因为车床上的工件都是回转体，所以图形也可以只需要绘出一半。

b. 注意图形的线条，不能出现断点、交叉、重叠，否则会导致 CAXA 数控车软件无法生成刀具轨迹。

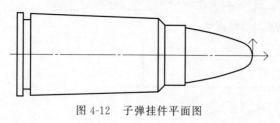

图 4-12　子弹挂件平面图

⑩ 单击并选择"修改"下拉菜单中的"镜像"命令或在"编辑工具"工具栏单击"镜像"按钮◢◣。系统提示拾取要镜像的实体，拾取要镜像图完成后按鼠标右键加以确认。用鼠标拾取一条作为镜像操作的对称轴线，一个以该轴线为对称轴的新图形显示出来，如图 4-12 所示。

⑪ 绘制毛坯轮廓和进刀点 A，如图 4-13 所示。被加工轮廓和毛坯轮廓两端点相连，两

轮廓共同构成一个封闭的加工区域。

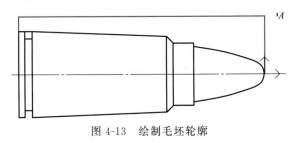

图 4-13　绘制毛坯轮廓

⑫ 在"数控车"子菜单区中选取"轮廓粗车"菜单项，系统弹出"粗车参数表"对话框，如图 4-14 所示。在对话框中按加工要求确定其他各加工参数。确定参数后，采用"单个拾取"拾取被加工轮廓和毛坯轮廓，确定进退刀点 A，如图 4-15 所示。

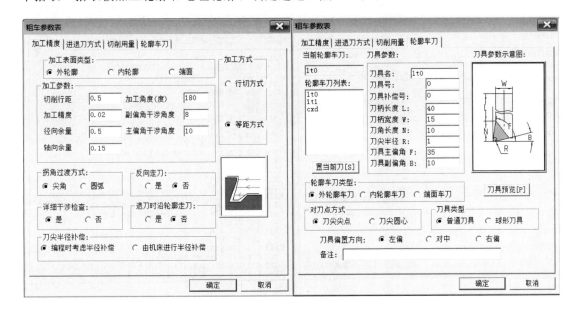

图 4-14　轮廓"粗车参数表"对话框

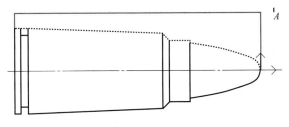

图 4-15　拾取被加工轮廓和毛坯轮廓

⑬ 完成上述步骤后即可生成加工轨迹，如图 4-16 所示。在"数控车"子菜单区中选取"生成代码"功能项，弹出"生成后置代码"对话框，如图 4-17 所示。选择数控系统，输入文件名后单击"确认"按钮退出对话框，拾取刚生成的刀具轨迹，即可生成加工程序，如图 4-18 所示。

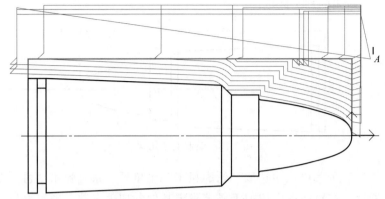

图 4-16　子弹挂件轮廓粗车轨迹

图 4-17　"生成后置代码"对话框　　　　图 4-18　子弹挂件轮廓粗车加工程序

⑭ 在 "数控车" 子菜单区中选取 "轮廓精车" 菜单项，系统弹出 "精车参数表" 对话框，类似前面粗车加工设置加工参数。在 "精车参数表" 对话框中填写完参数后，拾取对话框 "确认" 按钮，拾取轮廓线，确定进退刀点。系统生成绿色的刀具轨迹，如图 4-19 所示。

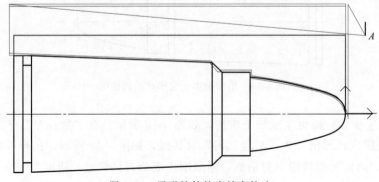

图 4-19　子弹挂件轮廓精车轨迹

⑮ 在"数控车"子菜单区中选取"生成代码"功能项，弹出"生成后置代码"对话框，如图 4-20 所示。选择数控系统，输入文件名后单击"确认"按钮退出对话框，拾取刚生成的刀具轨迹，即可生成加工程序，如图 4-21 所示。

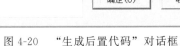

图 4-20　"生成后置代码"对话框

图 4-21　子弹挂件轮廓精车加工程序

⑯ 将铜棒夹紧在数控车床卡盘上，将外圆车刀及切断刀安装在四工位刀架上。开启数控车床，进行刀具对刀，输入刀具定位点等参数进入刀补内，然后检测对刀是否正确。将加工程序输入数控车床系统，运行程序，按下单段加工按钮，保障加工过程一步一步进行，防止程序出错而发生撞刀。通过观察第一刀车削过程没问题后，可关闭单段按钮进行车削。车削完毕，检测铜子弹是否达到所需要求。加工过程如图 4-22 所示，子弹挂件实物如图 4-23 所示。

图 4-22　机床加工过程

图 4-23　子弹挂件实物图

四、知识拓展

① 如果要想保证加工出来的葫芦曲面完整性，就必须在一次装夹中车出来。

② 在加工过程中，由于刀具角度的局限性，不能一把刀一次性车出整个轮廓，就不可

避免会有两把刀具车削出现的接刀痕。而要想消除接刀痕，除了必须采用锋利的刀具外，还要在对刀时特别认真，保证测出来的尺寸尽量精确到 0.01mm，这样接刀时的痕迹就不会明显。

③ 在编制切断程序时要特别注意，X 轴不要一次性走到零，走到 2mm 即可停止，最后用手掰断。

任务二 酒杯零件编程与仿真加工

一、任务导入

在数控车削中，含有椭圆、非圆曲线零件的编程与加工，对学生来说一直是一个难点。采用宏程序编程，涉及很多变量和相应的语言结构，使用起来并不简洁。采用 CAXA 数控车针对非圆曲线零件自动编程，大大降低了编程难度，提高了编程效率，缩短了零件制造周期。

本任务将通过一个复杂非圆曲线零件——酒杯零件（见图 4-24）的数控编程，来介绍利用 CAXA 数控车的造型设计、加工轨迹的生成及程序的后置处理的全过程。

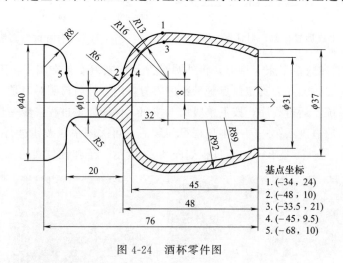

图 4-24　酒杯零件图

基点坐标
1. (−34, 24)
2. (−48, 10)
3. (−33.5, 21)
4. (−45, 9.5)
5. (−68, 10)

二、任务分析

如图 4-24 所示，酒杯零件是非圆曲线类薄壁件零件，其轮廓由样条线、圆弧和椭圆构成。加工难点在杯柄处，直径只有 10mm，且圆弧曲率半径变化很大。采用手工编程，圆弧的切点计算相当复杂，因此利用 CAXA 数控车进行自动编程。

根据零件图的尺寸，选毛坯为 $\phi55mm \times 100mm$ 的圆柱棒料，材料为 45 钢。制作出 $\phi20$ 的内孔，孔深 45mm，先去除局部毛坯，方便刀具进退刀。采用三爪卡盘夹紧工件，轴的伸出长度为 90mm，以杯口 $\phi31$ 的端面中心建立工件坐标系。

三、任务实施

1. 确定加工方案、刀具及切削用量

　　由于酒杯零件属于薄壁件，且杯柄处直径只有10mm，在安排加工顺序时，应先进行内孔加工，再进行外圆加工，可避免在切削力作用下杯体折断。按照粗精加工原则，对零件加工采用三把刀。刀具列表如表4-1所示。

表 4-1　刀具列表

刀具号	刀具 名称	刀具 直径/mm	刀尖 半径/mm	切削刃 长度/mm	刀柄 长度/mm	刀柄 宽度/mm	刀具主 偏角/(°)	刀具副 偏角/(°)
T01	尖刀		0.4	15	50	25	87	87
T02	镗刀	18	0.4	15	100		87	52
T03	钻头	18		110				

2. 创建酒杯外形特征

　　① 双击桌面的图标▉，启动 CAXA 数控车 2015r1 软件。

　　② 单击"属性"工具栏上线型设置，选择细实线图层，画中心线。单击"绘图工具"工具栏中"直线"按钮/，在左下角出现图 4-25 所示的直线立即菜单。在直线立即菜单中选择"两点线""正交""长度方式"，长度设为 76。指定第一点为坐标中心，移动鼠标向左直接单击画出中心线，如图 4-26 所示。

图 4-25　直线立即菜单（一）

图 4-26　绘制中心线

　　③ 选择粗实线图层，画轮廓线。单击"绘图工具"工具栏中"直线"按钮/，在左下角出现图 4-27 所示的圆立即菜单。在圆立即菜单中选择"两点线""正交""点方式"。指定第一点为坐标（-76，0），第二点为坐标（-76，20），在左边 76 的位置上画 20mm 长的竖线。然后单击"绘图工具"工具栏中的"圆"按钮⊕。在左下角设置图 4-28 所示的圆立即菜单，输入圆心坐标（-76，12），然后输入半径 8，圆线自动绘出，如图 4-29 所示。

| 1:两点线 ▼ | 2:连续 ▼ | 3:正交 ▼ | 4:点方式 ▼ |

图 4-27　直线立即菜单（二）

| 圆心_半 ▼ | 2:半径 ▼ | 3:有中心 ▼ | 4:中心线延长：3 |

图 4-28　圆立即菜单

图 4-29　绘制圆

④ 用直线命令在 $R8$ 圆右边画一条竖直切线，然后单击"绘图工具"工具栏中的"等距线"按钮 ⏋。等距功能默认为指定距离方式。设置距离为 5，立即菜单如图 4-30 所示。按系统提示拾取曲线，选择向上方向，等距线可自动绘出，如图 4-31 所示。

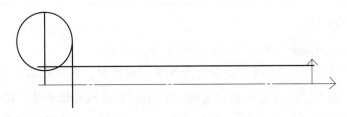

图 4-30　等距线立即菜单

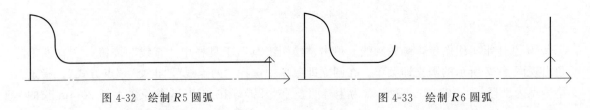

图 4-31　绘制等距线

⑤ 单击并选择"修改"下拉菜单中的"过渡"命令或在"编辑工具"工具栏单击"过渡"按钮 ⌒。修改过渡半径为 5，用鼠标拾取待过渡的第一条曲线，拾取第二条曲线以后，在两条曲线之间用一个半径为 5 的圆弧光滑过渡，如图 4-32 所示。

⑥ 用绘制直线和圆弧过渡命令绘制 $R6$ 圆弧，如图 4-33 所示。

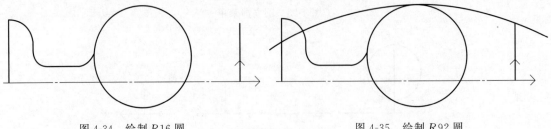

图 4-32　绘制 $R5$ 圆弧　　　　　　　　图 4-33　绘制 $R6$ 圆弧

⑦ 单击"绘图工具"工具栏中的"圆"按钮 ⊕。在左下角设置立即菜单为"圆心_半径"方式，输入圆心坐标（-32，8），然后输入半径 16，圆线自动绘出，如图 4-34 所示。

⑧ 单击"绘图工具"工具栏中的"圆"按钮 ⊕。在左下角设置立即菜单为"两点_半径"方式，输入第一点坐标（-0，18.5），输入第二点坐标（-34，24），然后输入半径 92，圆线自动绘出，如图 4-35 所示。经过裁剪修改后如图 4-36 所示。

图 4-34　绘制 $R16$ 圆　　　　　　　　图 4-35　绘制 $R92$ 圆

⑨ 单击"绘图工具"工具栏中的"圆"按钮 ⊕。在左下角设置立即菜单为"圆心_半径"方式，输入圆心坐标（-32，8），然后输入半径 13，圆线自动绘出，如图 4-37 所示。

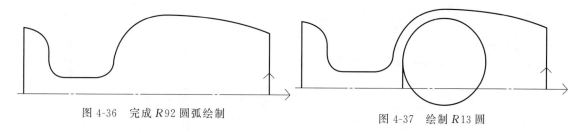

图 4-36　完成 $R92$ 圆弧绘制　　　　　图 4-37　绘制 $R13$ 圆

⑩ 单击"绘图工具"工具栏中的"圆"按钮 ⊕。在左下角设置立即菜单为"两点_半径"方式，输入第一点坐标（-0，15.5），输入第二点坐标（-33.5，21），然后输入半径 89，圆线自动绘出，如图 4-38 所示。经过裁剪修改后如图 4-39 所示。

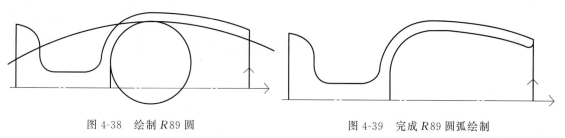

图 4-38　绘制 $R89$ 圆　　　　　图 4-39　完成 $R89$ 圆弧绘制

⑪ 单击并选择"修改"下拉菜单中的"镜像"命令或在"编辑工具"工具栏单击"镜像"按钮 ⊿⊾。系统提示拾取要镜像的实体，拾取要镜像图完成后按鼠标右键加以确认。用鼠标拾取一条作为镜像操作的对称轴线，一个以该轴线为对称轴的新图形显示出来，如图 4-40 所示。

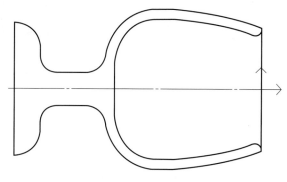

图 4-40　绘制酒杯图

3. CAXA 数控车的粗加工刀路轨迹

① 在已经完成的酒杯造型图的基础上，单击"刀具管理"图标，根据前面所列刀具参数将刀具设置好。在"数控车"子菜单区中选取"轮廓粗车"菜单项，系统弹出"粗车参数表"对话框，接着按加工要求确定其他各加工参数。副偏角干涉角为 80°，主偏角干涉角为

3°，如图 4-41 所示。

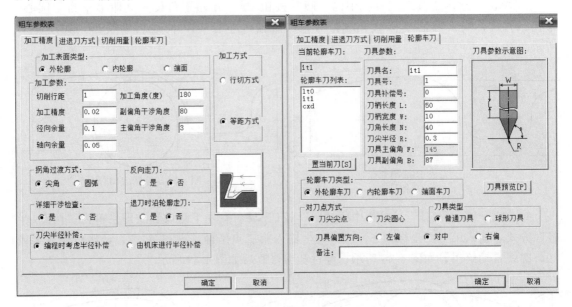

图 4-41　外轮廓"粗车参数表"对话框

② 确定参数后拾取被加工轮廓和毛坯轮廓，此时可使用系统提供的轮廓拾取工具，使用"单个拾取"分别拾取加工轮廓，按鼠标右键分别拾取毛坯轮廓，按鼠标右键确定进退刀点 A（注意这个进退刀点要稍微远离工件）。完成上述步骤后即可生成加工轨迹，如图 4-42 所示。细小杆部分也可采用分段车削的方法单独生成加工轨迹。

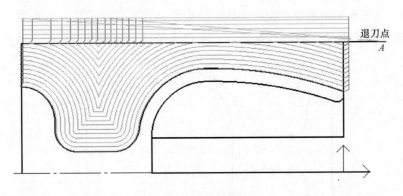

图 4-42　轮廓粗车轨迹

③ 在"数控车"子菜单区中选取"轨迹仿真"功能项，同时可指定仿真的类型和仿真的步长。拾取要仿真的加工轨迹，按鼠标右键结束拾取，系统弹出"轨迹仿真控制条"，按开始键开始仿真。仿真过程中可进行暂停、上一步、下一步、终止和速度调节操作。仿真结束，可以按开始键重新仿真，或者按终止键终止仿真。图 4-43 所示为外轮廓粗车加工静态仿真。

④ 在"数控车"子菜单区中选取"轮廓粗车"菜单项，系统弹出"粗车参数表"对话框，接着按加工要求确定内轮廓其他各加工参数，如图 4-44 所示。

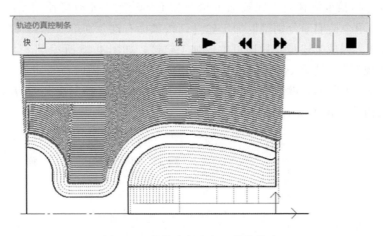

图 4-43　外轮廓粗车加工静态仿真

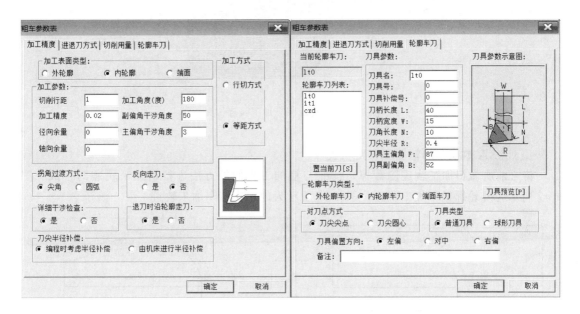

图 4-44　内轮廓"粗车参数表"对话框

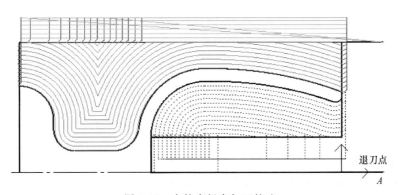

图 4-45　内轮廓粗车加工轨迹

⑤ 确定参数后拾取酒杯内轮廓被加工轮廓和毛坯轮廓，此时可使用系统提供的轮廓拾取工具，使用"单个拾取"分别拾取加工轮廓，按鼠标右键分别拾取毛坯轮廓，按鼠标右键确定进退刀点 A。完成上述步骤后即可生成加工轨迹，如图 4-45 所示。

⑥ 在"数控车"子菜单区中选取"轨迹仿真"功能项，同时可指定静态仿真，拾取要仿真的加工轨迹，按鼠标右键结束拾取，系统弹出"轨迹仿真控制条"，按开始键开始仿真。图 4-46 所示为内轮廓粗车加工静态仿真。

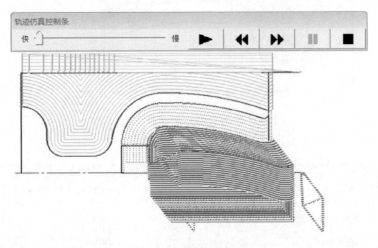

图 4-46　内轮廓粗车加工轨迹仿真

4. CAXA 数控车的精加工刀路轨迹

将之前所做粗加工轨迹隐藏掉，按照与粗加工类似的方法进行精加工轨迹的生成。图 4-47 所示为外轮廓精车加工轨迹，图 4-48 所示为内轮廓精车加工轨迹。

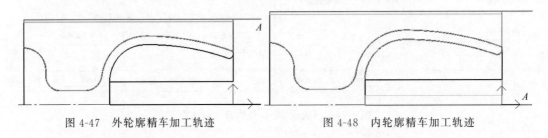

图 4-47　外轮廓精车加工轨迹　　　　图 4-48　内轮廓精车加工轨迹

5. CAXA 数控车的后置处理

程序后置处理是根据所选数控系统配置要求，把加工轨迹转换成 G 代码的数据文件，也就是 CNC 数控程序。具体过程为：在"数控车"子菜单区中选取"生成代码"功能项，选择 FANUC 系统，按照粗精加工的顺序依次左键选取加工轨迹，最终右键确定，即可生成加工指令。酒杯零件部分程序如图 4-49、图 4-50 所示，将所生成的 G 代码保存即可。

6. 试加工

将生成的 .cnc 文件进行必要的编辑（修改刀具和工件坐标系设置等），传程序至数控车床，进行试验加工。图 4-51 所示为最后加工过程，图 4-52 所示为最后加工出来的酒杯实物。

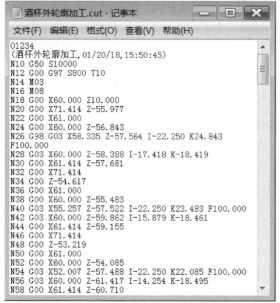

图 4-49　外轮廓粗车加工程序

图 4-50　内轮廓粗车加工程序

图 4-51　酒杯加工过程

图 4-52　酒杯实物图

四、知识拓展

对生成的轨迹不满意时可以用"参数修改"功能对轨迹的各种参数进行修改，以生成新的加工轨迹。

1. 操作步骤

在"数控车"子菜单区中选取"参数修改"菜单项，则提示用户拾取要进行参数修改的加工轨迹。

拾取轨迹后将弹出该轨迹的参数表供用户修改。参数修改完毕单击"确定"按钮，即依据新的参数重新生成该轨迹。

2. 轮廓拾取工具

轮廓拾取工具提供三种拾取方式：单个拾取、链拾取和限制链拾取。

"单个拾取"需用户挨个拾取需批量处理的各条曲线。它适用于曲线条数不多且不适合于"链拾取"的情形。

"链拾取"需用户指定起始曲线及链搜索方向，系统按起始曲线及搜索方向自动寻找所有首尾搭接的曲线。它适用于需批量处理的曲线数目较大且无两条以上曲线搭接在一起的情形。

"限制链拾取"需用户指定起始曲线、搜索方向和限制曲线，系统按起始曲线及搜索方向自动寻找首尾搭接的曲线至指定的限制曲线。它适用于避开有两条以上曲线搭接在一起的情形，以正确地拾取所需要的曲线。

项 目 小 结

二维工艺品类零件一般由工艺品设计人员手工绘制，由复杂的不规则曲线构成。当使用数控车床进行加工时，由于计算量较大，编程比较困难。利用 CAXA 数控车 2015 软件进行轮廓设计、仿真模拟到最终生成程序代码的自动编程，可以突破手工编程的局限性，避免手工编程时繁琐的节点计算工作，提高工作效率及质量。本项目主要采用以生活工艺品进行原型设计的工艺品零件为例，主要讲述非圆曲线形成的曲面零件的编程与仿真加工，目的是提高学生的专业兴趣和学习热情，使其主动学习。

思 考 与 练 习

一、填空题

1. 由机床进行半径补偿，在生成加工轨迹时，假设刀尖半径为0，按（　　　）编程，不进行刀尖半径补偿计算。所生成代码在用于实际加工时，应根据（　　　）由机床指定补偿值。

2. 反向走刀时选择否，是指刀具按默认方向走刀，即刀具从 Z 轴（　　　）向向 Z 轴（　　　）向移动。

3. 用户可根据需要来控制加工精度。对轮廓中的直线和圆弧，机床可以精确地加工；对由样条曲线组成的轮廓，系统将按给定的精度，把样条转化成（　　　）段来满足用户所需的加工精度。

4. 车槽功能用于在工件（　　　）表面、（　　　）表面和（　　　）面切槽。切槽时要确定被加工轮廓，被加工轮廓就是加工结束后的（　　　）轮廓，被加工轮廓不能（　　　）或（　　　）。

5. 切槽加工参数表中主要包括（　　　）、（　　　）和（　　　）。

6. 切深步距指粗车槽时，刀具每一次（　　　）向切槽的切入量〔机床（　　　）轴方向〕。

二、选择题

1. 编程时考虑半径补偿是指（　　　）。

A. 生成加工轨迹时，假设刀尖半径为 0，按轮廓编程，不进行刀尖半径补偿计算

B. 所生成代码用于实际加工时，应根据实际刀尖半径由机床指定补偿值

C. 所生成代码即为已考虑半径的代码，无需机床再进行刀尖半径补偿

2. 参数修改功能（　　　）。

A. 与代码修改是一样的

B. 与采用主菜单中的撤销图标 🔄 是一样的

C. 为"数控车工具"工具栏中图标 🔧，被修改的参数执行修改后的新参数

3. 轮廓精车时，（　　　）。

A. 要确定被加工轮廓和毛坯轮廓

B. 被加工轮廓加工结束后还要继续加工

C. 被加工轮廓不能闭合或自相交

4. 精加工表面类型有（　　　）。

A. 外轮廓和内轮廓　　　　　　B. 外轮廓、内轮廓和端面　　　C. 内轮廓和端面

5. 干涉前角是（　　　）。

A. 避免加工正锥时出现刀具底面与工件干涉

B. 避免加工反锥时出现前刀面与工件干涉

C. 拐角过渡方式

6. 反向走刀是（　　　）。

A. 刀具按默认方向走刀

B. 刀具从 Z 轴正向向 Z 轴负向移动

C. 刀具按默认方向相反的方向走刀

7. 切槽加工工艺类型为（　　　）。

A. 粗加工或精加工　　　　　　B. 粗加工＋精加工　　　　　　C. 以上都包括

8. 粗车槽时，刀具每一次纵向切槽的切入量为（　　　）。

A. 水平步距　　　　　　　　　B. 切深步距　　　　　　　　　C. 退刀距离

9. 槽加工刀位轨迹的加工行数为（　　　）。

A. 末行加工次数　　　　　　　B. 切削行距　　　　　　　　　C. 切削行数

10. 当状态栏提示用户选择轮廓线时，分别拾取凹槽的左边和右边，凹槽部分就变成红色虚线，则这种拾取方法为（　　　）。

A. 单个链拾取　　　　　　　　B. 限制链拾取　　　　　　　　C. 链拾取

11. 车螺纹为（　　　）方式加工螺纹。

A. 非固定循环　　　　　　　　B. 固定循环　　　　　　　　　C. 西门子840C/840控制器

三、判断题

1. 轮廓粗车拾取被加工工件表面轮廓线的操作中，若被加工轮廓与毛坯轮廓首尾相连，采用"链拾取"会将被加工轮廓和毛坯轮廓混在一起。（　　　）

2. 在使用轮廓精车前一定要先建立毛坯轮廓，从而才能确定加工余量。（　　　）

3. 由于切槽加工属于"粗加工＋精加工"，故被加工轮廓必须是闭合的。（　　　）

4. 切槽轨迹与切槽刀的刀角半径、刀刃宽度等参数是密切相关的。（　　　）

5. 车加工中的钻孔位置只能是工件的旋转中心。（　　　）

四、简答题

1. 螺纹加工中的非固定循环和固定循环两种方式有什么不同？

2. CAXA数控车能实现哪些加工？

3. CAXA数控车的主要特点是什么？

五、作图题

1. 工艺品葫芦零件尺寸如图 4-53 所示，利用 CAXA 数控车设计出所要加工的葫芦，并进行数控车模拟加工，生成加工程序。

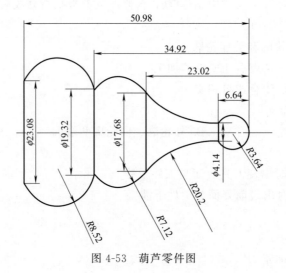

图 4-53　葫芦零件图

2. 零件尺寸如图 4-54 所示，利用 CAXA 数控车设计出国际象棋 "兵"，并进行数控车模拟加工，生成加工程序。

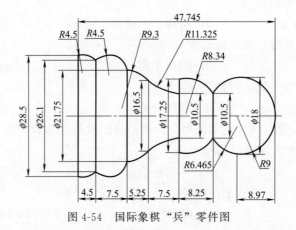

图 4-54　国际象棋 "兵" 零件图

项目五

CAXA数控车特殊编程加工方法

CAXA 数控车是在全新的数控加工平台上开发的数控车床加工编程和二维图形设计软件。该软件最新版本根据需要增加了异型螺纹加工、等截面粗精加工、端面 G01 钻孔及键槽加工等特殊加工功能。

【技能目标】

· 掌握异型螺纹加工方法。

· 掌握等截面粗精加工方法。

· 掌握径向 G01 钻孔方法和端面 G01 钻孔方法。

· 掌握埋入式键槽加工方法和开放式键槽加工方法。

任务一 椭圆牙型异型螺纹的编程与加工

一、任务导入

螺纹类型常见有 60°三角螺纹、30°梯形螺纹、40°蜗杆等，数控车床加工以上螺纹也是用成形刀。对于异型螺纹（牙型为特殊形状），如正弦线螺纹等三角函数异型螺纹，圆弧螺纹、抛物线螺纹等二次函数曲线螺纹除采用成形刀加工外，还可以采用尖刀。本任务主要完成图 5-1 所示的椭圆牙型的异型螺纹加工。

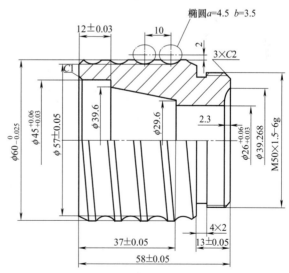

图 5-1　异型螺纹零件图

二、任务分析

对于椭圆牙型的异型螺纹，椭圆长半轴为 4.5mm，短半轴为 3.5mm，方程式为 $z^2/4.5^2 + x^2/3.5^2 = 1$。建立椭圆坐标系。由 A 到原心 O 点的 X 距离为 -2，可以得到椭圆 O 的相关参数为起点＝3.693，终点＝-3.693，椭圆原点相对工件原点坐标为（-14.83，32）。

由于该零件异型螺纹部分加工螺距为 10mm，切削时刀具所受阻力较大，因此对机床和刀具要求较高，很容易在低速切削过程中，造成"闷车"或"扎刀"现象。在加工过程中，外圆 X 向余量通过磨耗的调整，分三次加工（总加工余量为 3mm，第一次加工 1.6mm，第二次加工 1mm，第三次加工 0.4mm），第三次考虑进刀加工，调小步距，减小表面粗糙度值。刀具选用刀尖角为 35°外圆刀或刀尖角为 55°外圆刀。

三、任务实施

① 双击桌面的图标 ，启动 CAXA 数控车 2015r1 软件。

② 单击"绘图工具"工具栏中"直线"按钮 。绘制图 5-2 所示的图形。

③ 选择"修改"下拉菜单下的"复制选择到"命令，单击选择椭圆，按空格键在立即菜单中选择交点，单击捕捉椭圆中心交点，然后单击捕捉左面四个椭圆中心交点。复制完成如图 5-3 所示。

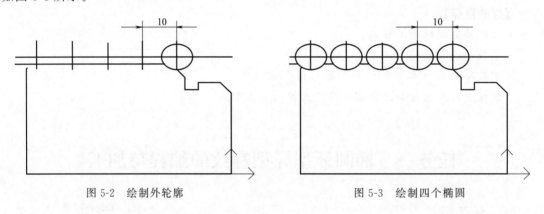

图 5-2 绘制外轮廓　　　　　　　　图 5-3 绘制四个椭圆

④ 单击"修改"下拉菜单下的"裁剪"命令。然后单击四个椭圆上要裁剪的部分，裁剪后如图 5-4 所示。

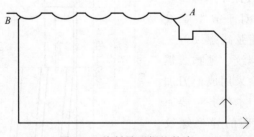

图 5-4 绘制异型螺纹轮廓

⑤ 在"数控车"子菜单区中选取"异形螺纹加工"功能项。依次拾取螺纹起点 A、终点 B 和牙型。注意牙型的起点和终点的 Y 值必须相同。拾取完毕，弹出加工参数表，前面拾取点的坐标也将显示在参数表中。用户可在该参数表对话框中确定各加工参数，如图 5-5 所示。

⑥ 参数填写完毕，选择"确认"按钮，即生成异型螺纹车削刀具轨迹，如图 5-6 所示。

⑦ 在"数控车"子菜单区中选取"生成代码"功能项，弹出"生成后置代码"对话框，如图 5-7 所示。拾取刚生成的刀具轨迹，即可生成异型螺纹加工程序，如图 5-8 所示。

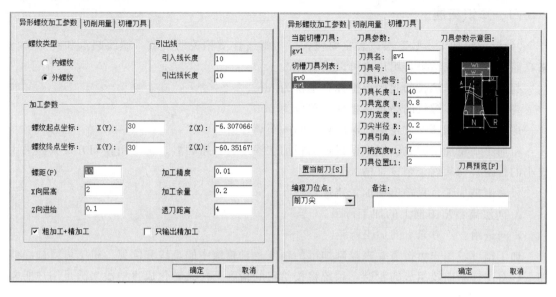

图 5-5 "异形螺纹加工参数表"对话框

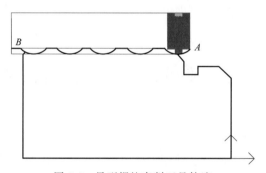

图 5-6 异型螺纹车削刀具轨迹

图 5-7 "生成后置代码"对话框　　　　图 5-8 异型螺纹加工程序

四、知识拓展

"异形螺纹加工参数"参数表主要包含了与螺纹性质相关的参数。螺纹起点和终点坐标来自前一步的拾取结果，用户也可以进行修改。

起点坐标：车螺纹的起始点坐标，单位为 mm。

终点坐标：车螺纹的终止点坐标，单位为 mm。

螺距：两个相邻螺纹轮廓上对应点之间的距离。

粗加工＋精加工方式：指根据指定的粗加工深度进行粗切后，再采用精切方式（如采用更小的行距）切除剩余余量（精加工深度）。

只输出精加工：只输出精加工轨迹。

X 向层高：X 方向上的加工行距。

Z 向进给：Z 方向上的加工行距。

加工精度：用户可按需要来控制加工的精度。对轮廓中的直线和圆弧，机床可以精确地加工；对由样条曲线组成的轮廓，系统将按给定的精度把样条转化成直线段来满足用户所需的加工精度。

加工余量：加工结束后，被加工表面没有加工的部分的剩余量（与最终加工结果比较）。

退刀距离：一层加工结束后刀具回退的距离。

任务二　椭圆面零件等截面粗加工

一、任务导入

数控车床加工圆柱类零件，而这种椭圆柱面类零件少见，加工椭圆柱零件可以采用数控系统中提供的宏程序功能，大大减轻编程的工作量，对提高加工效率和质量起到了一定的作用，但 CAXA 数控车提供了等截面粗加工功能更为方便。本任务采用等截面粗加工功能来编写图 5-9 所示的椭圆柱零件的加工程序。

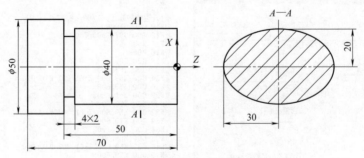

图 5-9　椭圆柱零件图

二、任务分析

如图 5-9 所示的零件，右面直径为 40mm 的一段外表面为椭圆面，椭圆长半轴为 30mm，短半轴为 20mm，方程式为 $z^2/30^2 + x^2/20^2 = 1$。在右端面中心建立工件坐标系。

三、任务实施

① 绘制图 5-10 所示的椭圆柱零件主视图和左视图。

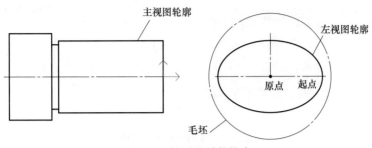

图 5-10 椭圆柱零件轮廓

② 单击"数控车"→"等截面粗加工"弹出图 5-11 所示"等截面粗加工参数表"对话框，设置有关参数后，毛坯直径最小为 75，单击"确定"按钮退出。

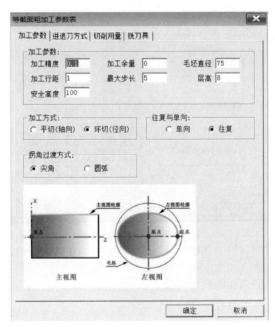

图 5-11 "等截面粗加工参数表"对话框

③ 按空格键在弹出的立即菜单中选取交点方式，拾取截面左视图中心点，拾取截面左视图加工轮廓起点，拾取截面左视图加工轮廓线，拾取限制线，拾取主视图加工轮廓，然后选方向，选择"确认"按钮，生成图 5-12 所示的等截面粗加工轨迹。

④ 在"数控车"子菜单区中选取"生成代码"功能项，弹出"生成后置代码"对话框，如图 5-13 所示。拾取刚生成的刀具轨迹，即可生成等截面粗加工程序，如图 5-14 所示。

四、知识拓展

等截面粗加工参数说明如下。

① 加工精度：输入模型的加工精度。计算模型的轨迹的误差小于此值。加工精度越大，模

型形状的误差越大，模型表面越粗糙；加工精度越小，模型形状的误差越小，模型表面越光滑，但是，轨迹段的数目增多，轨迹数据量变大。

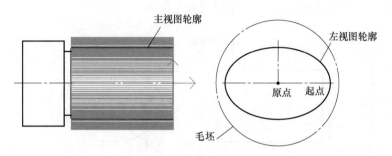

图 5-12　等截面粗加工轨迹

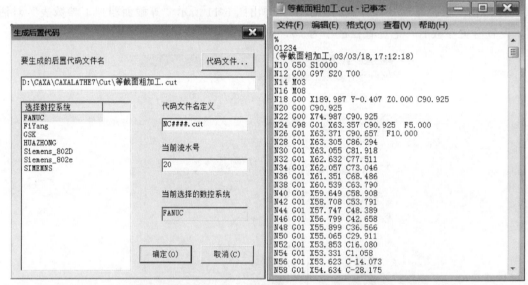

图 5-13　"生成后置代码"对话框　　　　　图 5-14　等截面粗加工程序

② 加工余量：相对模型表面的残留高度。

③ 毛坯直径：加工毛坯的直径。

④ 加工行距：走刀行间的距离。

⑤ 最大步长：刀具走刀的最大步长，大于"最大步长"的走刀步将被分成两步。

⑥ 层高：刀触点的法线方向上的层间距离。

⑦ 安全高度：刀具在此高度以上任何位置，均不会碰伤工件和夹具。

⑧ 加工方式包括两种方式，即平切（轴向）和环切（径向）。

a. 平切（轴向）：用平行于旋转轴的方向生成加工轨迹。

b. 环切（径向）：用环绕旋转轴的方向生成加工轨迹。

⑨ 往复与单向包括以下两个选项。

a. 往复：在刀具轨迹行数大于 1 时，行之间的刀迹轨迹方向可以往复。

b. 单向：在刀次大于 1 时，同一层的刀迹轨迹沿着同一方向进行加工。

⑩ 拐角过渡方式包括尖角和圆弧两种过渡方式。

a. 尖角：两条轨迹之间以尖角的方式连接。

b. 圆弧：两条轨迹之间以圆弧的方式连接。

任务三　椭圆面零件等截面精加工

一、任务导入

本任务采用CAXA数控车等截面精加工功能来编写图5-15所示的椭圆柱零件的加工程序。

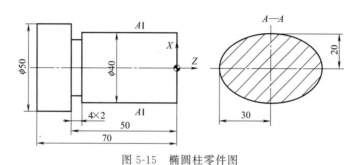

图5-15　椭圆柱零件图

二、任务分析

如图5-15所示的零件，右面直径为40mm的一段外表面为椭圆面，椭圆长半轴为30mm，短半轴为20mm，方程式为 $z^2/30^2 + x^2/20^2 = 1$。在右端面中心建立工件坐标系。

三、任务实施

① 绘制图5-16所示的椭圆柱零件主视图和左视图。

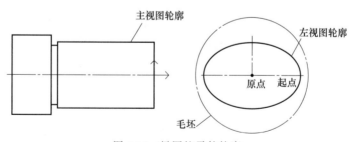

图5-16　椭圆柱零件轮廓

② 单击"数控车"→"等截面精加工"弹出图5-17所示"等截面精加工参数表"对话框，设置有关参数后，单击"确定"按钮退出。

③ 按空格键在弹出的立即菜单中选取交点方式，拾取截面左视图中心点，拾取截面左视图加工轮廓起点，拾取截面左视图加工轮廓线，拾取限制线，拾取主视图加工轮廓，然后选方向，单击"确认"按钮，生成图5-18所示的等截面精加工轨迹。

④ 在"数控车"子菜单区中选取"生成代码"功能项，弹出"生成后置代码"对话框，如图5-19所示。拾取刚生成的刀具轨迹，即可生成等截面精加工程序，如图5-20所示。

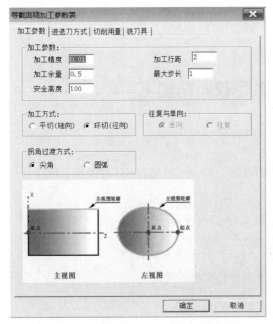

图 5-17　"等截面精加工参数表"对话框

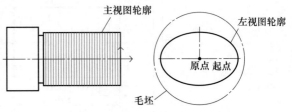

图 5-18　等截面精加工轨迹

四、知识拓展

等截面精加工参数说明如下。

① 加工精度：输入模型的加工精度。计算模型的轨迹的误差小于此值。加工精度越大，模型形状的误差越大，模型表面越粗糙；加工精度越小，模型形状的误差越小，模型表面越光滑，但是轨迹段的数目增多，轨迹数据量变大。

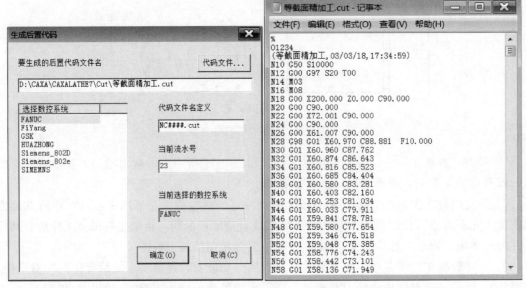

图 5-19　"生成后置代码"对话框

图 5-20　等截面精加工程序

② 加工余量：相对模型表面的残留高度。

③ 加工行距：走刀行间的距离。

④ 最大步长：刀具走刀的最大步长，大于"最大步长"的走刀步将被分成两步。

⑤ 安全高度：刀具在此高度以上任何位置，均不会碰伤工件和夹具。

⑥ 加工方式包括两种方式，即平切（轴向）和环切（径向）。

a. 平切（轴向）：用平行于旋转轴的方向生成加工轨迹。

b. 环切（径向）：用环绕旋转轴的方向生成加工轨迹。

⑦ 往复与单向包括以下两个选项。

a. 往复：在刀具轨迹行数大于 1 时，行之间的刀迹轨迹方向可以往复。

b. 单向：在刀次大于 1 时，同一层的刀迹轨迹沿着同一方向进行加工。

⑧ 拐角过渡方式包括尖角和圆弧两种过渡方式。

a. 尖角：两条轨迹之间以尖角的方式连接。

b. 圆弧：两条轨迹之间以圆弧的方式连接。

⑨ 加工方向：目前此功能不起作用。

任务四　圆柱面径向 G01 钻孔加工

一、任务导入

为了提高复杂异型产品的加工效率和加工精度，工艺人员一直在寻求更为高效精密的加工工艺方法。车铣复合加工设备的出现为提高航空航天零件的加工精度和加工效率提供了一种有效解决方案。数控车铣复合机床是复合加工机床的一种主要机型，通常在数控车床上实现平面铣削、钻孔、攻丝、铣槽等铣削加工工序，具有车削、铣削以及镗削等复合功能，能够实现一次装夹、全部完成的加工理念。圆柱面径向钻孔只能采用这种车铣复合中心设备，而普通数控车床不能加工。本任务采用圆柱面径向 G01 钻孔加工功能来编写图 5-21 所示圆柱零件的径向钻孔加工程序。

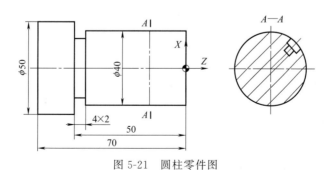

图 5-21　圆柱零件图

二、任务分析

如图 5-21 所示的零件，在 A—A 剖面位置径向钻孔。在右端面中心建立工件坐标系。

三、任务实施

① 绘制图 5-22 所示的圆柱零件主视图和左视图。

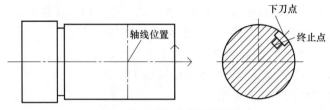

图 5-22　圆柱零件轮廓图

② 单击"数控车"→"径向 G01 钻孔"弹出图 5-23 所示"径向 G01 钻孔"对话框，设置有关参数后，单击"确定"按钮退出。

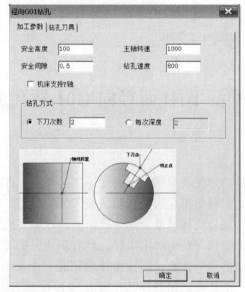

图 5-23　"径向 G01 钻孔"对话框

③ 按空格键在弹出的立即菜单中选取交点方式，拾取截面左视图坐标中心点，拾取钻孔下刀点，拾取钻孔终止点，拾取钻孔截面所在轴线位置，按鼠标右键确认结束。生成图 5-24 所示的径向 G01 钻孔加工轨迹。

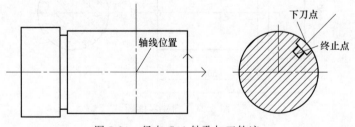

图 5-24　径向 G01 钻孔加工轨迹

④ 在"数控车"子菜单区中选取"生成代码"功能项，弹出"生成后置代码"对话框。拾取刚生成的刀具轨迹，即可生成径向 G01 钻孔加工程序。

四、知识拓展

径向 G01 钻孔"加工参数"说明如下。

① 安全高度：刀具在此高度以上任何位置，均不会碰伤工件和夹具。

② 安全间隙：回退距离。

③ 主轴转速：主轴旋转速度。

④ 钻孔速度：钻孔加工时主轴转速。

⑤ 钻孔深度：钻孔的深度距离。

⑥ 钻孔方式包括以下两个。

a. 下刀次数：以给定加工的次数来确定走刀的次数。

b. 每次切深：刀触点的法线方向上的层间距离。

任务五 圆柱端面 G01 钻孔加工

一、任务导入

圆柱面端面钻孔只能采用数控车铣复合机床，而普通数控车床不能加工。本任务采用圆柱端面 G01 钻孔加工功能来编写图 5-25 所示圆柱零件的端面钻孔加工程序。

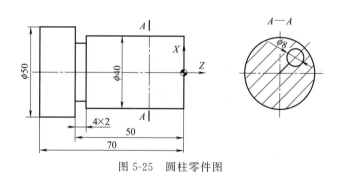

图 5-25 圆柱零件图

二、任务分析

如图 5-25 所示的零件，在 A—A 剖面位置径向钻孔。在右端面中心建立工件坐标系。

三、任务实施

① 绘制图 5-26 所示的圆柱零件主视图和左视图。

② 单击"数控车"→"径向 G01 钻孔"弹出图 5-27 所示的"端面 G01 钻孔加工参数表"对话框，设置有关参数后，单击"确定"按钮退出。

③ 按空格键在弹出的立即菜单中选取交点方式，拾取截面左视图坐标原点，拾取截面左视图内钻孔位置点，拾取截面主视图轴线上的位置点，按鼠标右键确认结束。生成图 5-28 所示的端面 G01 钻孔加工轨迹。

④ 在"数控车"子菜单区中选取"生成代码"功能项，弹出"生成后置代码"对话框。

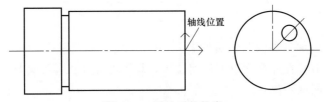

图 5-26 圆柱零件轮廓

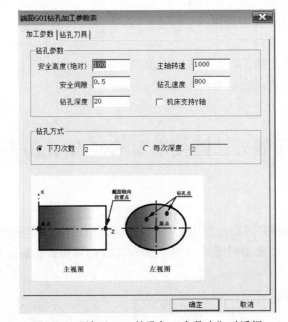

图 5-27 "端面 G01 钻孔加工参数表"对话框

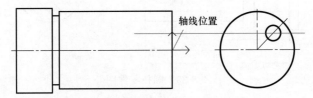

图 5-28 端面 G01 钻孔加工轨迹

拾取刚生成的刀具轨迹,即可生成端面 G01 钻孔加工程序。

四、知识拓展

端面 G01 钻孔"加工参数"说明如下。

① 安全高度:刀具在此高度以上任何位置,均不会碰伤工件和夹具。

② 安全间隙:回退距离。

③ 主轴转速:主轴旋转速度。

④ 钻孔速度:钻孔加工时主轴转速。

⑤ 钻孔方式包括以下两个。

a. 下刀次数:以给定加工的次数来确定走刀的次数。

b. 每次切深:刀触点的法线方向上的层间距离。

任务六　圆柱轴类零件埋入式键槽加工

一、任务导入

埋入式键槽加工只能采用数控车铣复合机床，而普通数控车床不能加工。本任务采用埋入式键槽加工功能来编写图 5-29 所示圆柱零件的键槽加工程序。

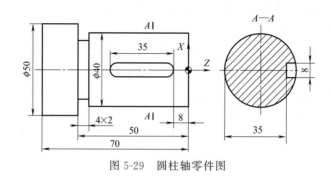

图 5-29　圆柱轴零件图

二、任务分析

轴类零件主要加工表面是各外圆表面。次要加工表面是轴外键槽、花键、螺纹。通常先安排定位基面的加工，为加工其他表面做好准备。后安排次要表面的加工。所以轴外键槽的加工安排在外圆精车或粗磨后、精磨前进行。否则会在外圆终加工时产生冲击，不利于保证加工质量并影响刀具的寿命，或者会破坏主要加工表面已经获得的精度。轴外键槽与轴类零件外圆有位置要求。键槽与工件外圆的对称度公差为 0.08mm。由以上分析，需要首先加工工件的主要加工表面，然后借助专用夹具加工轴外键槽，并且保证它们之间的位置精度要求。

如图 5-29 所示的零件，在 *A—A* 剖面位置加工键槽。在右端面中心建立工件坐标系。

三、任务实施

① 绘制图 5-30 所示的圆柱零件主视图和左视图。

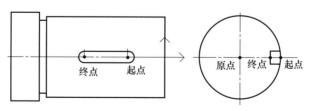

图 5-30　圆柱零件轮廓

② 单击"数控车"→"埋入式键槽"弹出图 5-31 所示的"埋入式键槽参数表"对话框，设置有关参数后，单击"确定"按钮退出。

③ 按空格键在弹出的立即菜单中选取交点方式，拾取截面左视图坐标中心点，拾取钻孔下刀点，拾取钻孔终止点，拾取钻孔截面所在轴线位置，按鼠标右键确认结束。生成图

5-32 所示的埋入式键槽加工轨迹。

④ 在"数控车"子菜单区中选取"生成代码"功能项，弹出"生成后置代码"对话框。拾取刚生成的刀具轨迹，即可生成埋入式键槽加工程序。

四、知识拓展

埋入式键槽"加工参数"如下。

① 键槽宽度：所铣键槽宽度。

② 键槽层高：所铣键槽的每层切深高度。

③ 安全高度：刀具在此高度以上任何位置，均不会碰伤工件和夹具。

④ 走刀方式包括以下两个选项。

a. 往复走刀：在刀具轨迹行数大于 1 时，行之间的刀迹轨迹方向可以往复。

b. 单向走刀：在刀次大于 1 时，同一层的刀迹轨迹沿着同一方向进行加工。

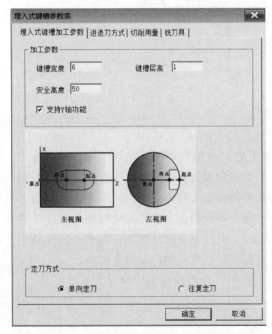

图 5-31　"埋入式键槽参数表"对话框

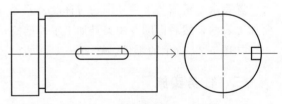

图 5-32　埋入式键槽加工轨迹

任务七　圆柱轴类零件开放式键槽加工

一、任务导入

开放式键槽加工只能采用数控车铣复合机床，而普通数控车床不能加工。本任务采用开放式键槽加工功能来编写图 5-33 所示圆柱零件的开放式键槽加工程序。

二、任务分析

如图 5-33 所示的零件，在 $A—A$ 剖面位置加工键槽。在右端面中心建立工件坐标系。

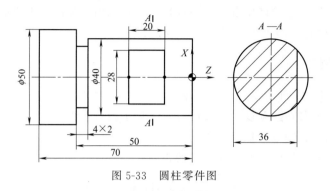

图 5-33　圆柱零件图

三、任务实施

① 绘制图 5-34 所示的圆柱零件主视图和左视图。

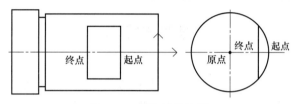

图 5-34　圆柱零件轮廓

② 单击"数控车"→"开放式键槽加工"弹出图 5-35 所示的"开放式键槽参数表"对话框，设置有关参数后，单击"确定"按钮退出。

③ 按空格键在弹出的立即菜单中选取交点方式，拾取截面左视图坐标中心点，拾取钻孔下刀点，拾取钻孔终止点，拾取钻孔截面所在轴线位置，按鼠标右键确认结束。生成图 5-36 所示的开放式键槽加工轨迹。

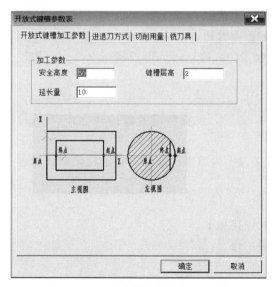

图 5-35　"开放式键槽参数表"对话框

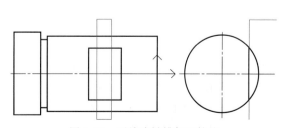

图 5-36　开放式键槽加工轨迹

④ 在"数控车"子菜单区中选取"生成代码"功能项，弹出"生成后置代码"对话框。拾取刚生成的刀具轨迹，即可生成开放式键槽加工程序。

四、知识拓展

开放式键槽加工"加工参数"说明如下。

① 安全高度：刀具在此高度以上任何位置，均不会碰伤工件和夹具。

② 键槽层高：所铣键槽的每层切深高度。

③ 延长量：沿轨迹线的切线方向延长的距离。

项 目 小 结

随着数控机床的升级换代，其加工功能越来越强，能加工复杂的异形零件，所以CAXA 数控车 2015 软件也增加了新的加工功能。本项目主要介绍了 CAXA 数控车 2015 软件最新加工功能：异型螺纹加工、等截面粗/精加工、端面 G01 钻孔及埋入式键槽加工。

思 考 与 练 习

一、填空题

1. 螺纹加工可分为（　　）和（　　）两种方式。（　　）为非固定循环方式加工螺纹，这种加工方式可适应螺纹加工中的各种工艺条件，可对加工方式进行更为灵活的控制；而（　　）方式加工螺纹，输出的代码适用于西门子 840C/840 控制器。

2. 固定循环功能可以进行（　　）段或（　　）段螺纹连接加工。若只有一段螺纹，则在拾取完终点后按（　　）键。若其有两段螺纹，则在拾取完第一个中间点后按点与（　　）键。

3. 始端延伸距离是指刀具（　　）点与（　　）端的距离。

4. 钻孔功能用于在工件的（　　）钻中心孔。该功能提供了多种钻孔方式，包括（　　）、（　　）和（　　）、（　　）、（　　）、（　　）。

5. 进刀增量指深孔钻时每次（　　）量或镗孔时每次（　　）量。

6. 暂停时间指攻丝时刀在工件（　　）部分的停留时间。

7. 进行图形绘制时，当需要生成的曲线是用数学公式表示时，可以利用（　　）模块的（　　）生成功能来得到所需要的曲线。

8. 在 CAXA 数控车中，曲线有（　　）、（　　）、（　　）、（　　）、（　　）等类型。

9. 机床设置是针对不同的（　　）、不同的（　　），设置特定的数控（　　）、数控（　　）及（　　），并生成配置文件。

10. 生成数控程序时，系统根据（　　）的定义，生成用户所需要的特定代码格式的加工指令。

二、选择题

1. 螺纹固定循环功能可以进行（　　）段螺纹连接加工。

A. 两段　　　　　B. 三段　　　　　C. 两段或三段

2. 螺纹加工的末行走刀次数指的是（　　）。

A. 粗切次数　　　B. 空转数　　　　C. 重复走刀次数

3. 进刀角度表示（　　）。

A. 刀具只可以垂直于切削方向进刀

B. 刀具只可以沿着侧面进刀

C. 刀具可以垂直于切削方向进刀，也可以沿着侧面进刀

4. 钻孔时的进给速度是指（　　　）。

A. 主轴转速　　　　B. 进刀速度　　　C. 接近速度

5. 车加工中的钻孔位置只能是工件的（　　　）位置。

A. 任意　　　　　　B. 旋转中心　　　C. 端面

6. 钻孔加工最终所有的加工轨迹都在工件的（　　　）轴上。

A. 旋转　　　　　　B. 垂直　　　　　C. 水平

7. CAXA 数控车的 X 轴是机床的（　　　）。

A. X 轴　　　　　　B. Y 轴　　　　　C. Z 轴

8. 在进行点的捕捉操作时，系统默认的点捕捉状态是（　　　）。

A. 控制点（K）　　B. 屏幕点（S）　C. 缺省点（F）

9. 可捕捉直线、圆弧、圆、样条曲线的端点的快捷键为（　　　）。

A. N 键　　　　　　B. E 键　　　　　C. K 键

10. 模态代码就是只要指定一次功能代码格式，以后不用再指定，系统会以（　　　）功能模式，确认本程序段的功能。

A. 第一次指定　　　B. 前面最近　　　C. 最后一次

三、简答题

1. CAXA 数控车系统中的轮廓精车需要毛坯轮廓吗？为什么？

2. 应用 CAXA 数控车进行轮廓粗车与轮廓精车时，其刀具轨迹有什么不同？

3. CAXA 数控车能绘制二维和三维图形，你认为这种说法对吗？为什么？

四、作图题

加工图 5-37、图 5-38 所示零件。根据图样尺寸及技术要求，完成下列内容。

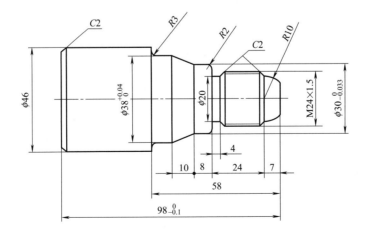

图 5-37　阶梯轴练习图

1. 完成零件的车削加工造型。

2. 对该零件进行加工工艺分析，填写数控加工工艺卡片。

3. 根据工艺卡中的加工顺序，进行零件的轮廓粗/精加工、切槽加工和螺纹加工，生成加工轨迹。

4. 进行机床参数设置和后置处理，生成 NC 加工程序。

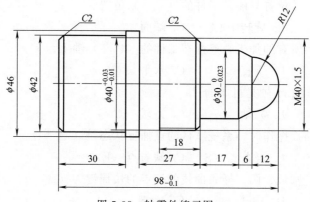

图 5-38　轴零件练习图

项目六

CAXA数控车自动编程综合实例

　　CAXA 数控车床加工零件，首先要精确绘制图形，可以只画二维图形，然后才能自动生成加工轨迹，所以掌握绘图和编程方法同等重要。本项目的内容主要是在读者掌握软件基本编程功能的基础上，为熟练掌握零件分析方法、加工路线的确定、CAXA 数控车绘图及编制加工程序的方法而安排的 CAXA 数控车综合应用实例，以帮助读者灵活运用 CAXA 数控车软件完成自动编程任务。

【技能目标】

- 掌握零件分析方法及工艺清单制作。
- 掌握加工路线和装夹方法的确定。
- 掌握 CAXA 数控车绘图及编制加工程序的方法。
- 熟悉零件加工操作及零件检验方法。

任务一　虎头钩零件图绘制综合实例

一、任务导入

绘制如图 6-1 所示的虎头钩零件图。

二、任务分析

本任务主要是绘制虎头钩零件图，培养使用 CAXA 数控车快速绘制平面图形的能力，所以要从一张完整零件图的四个方面来着手，首先画图框和标题栏以及平面图形，然后标注尺寸及技术要求。难点在圆弧绘制部分，最好用绘圆命令中的切半径方式，然后通过剪切来完成。

三、任务实施

① 设置图纸幅面并且调入图框和标题栏。选择"幅面"菜单中的"幅面设置"

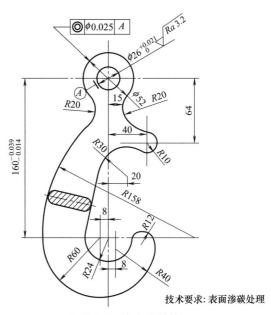

技术要求：表面渗碳处理

图 6-1　虎头钩零件图

命令，在弹出的"图幅设置"对话框中将"图纸幅面"设置为 A3，"图纸方向"设置为竖放，"绘图比例"设置为 1∶1；在"调入图框"下拉条中选择"SHUA3"图框；在"调入标题栏"下拉条中选择"GB Standard"标题栏；设置完后单击"确定"按钮，如图 6-2 所示。

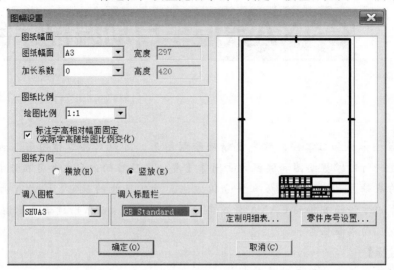

图 6-2 幅面设置

② 按照尺寸画出主要中心线和定位线。将当前层设置为中心线层，根据尺寸绘制出中心线，如图 6-3 所示。

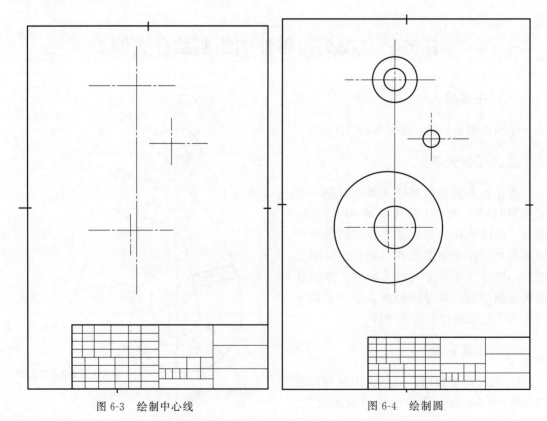

图 6-3 绘制中心线　　　　　　　图 6-4 绘制圆

③ 画出已知条件 $\phi52$、$\phi26$、$R10$、$R60$、$R24$ 的圆。

将当前层设置为 0 层。在相应位置作出圆，绘制圆使用圆命令中的"圆心 _ 半径"方式，圆心的位置为步骤②中中心线的交点。为使圆心精确定位在交点上，可以使用点工具菜单。点工具菜单的使用方法是：当系统提示输入"圆心点："时，按下空格键或者按下 Shift 键同时右击弹出点工具菜单，选择"I交点"项，然后用鼠标拾取定位圆心的两条直线，这样直线交点即为圆心点。也可以在系统提示输入"圆心点："时，按下快捷键 I，同样可以用交点方式拾取点。绘制结果如图 6-4 所示。

④ 分别求出 $R20$、$R30$、$R40$ 和 $R158$ 的圆心 A、B、C、D 并且画出它们。

将当前层设置为 0 层，根据图中各个元素的几何关系，求出以上各圆的圆心。并且按照步骤③的方法画出相应的圆。绘制结果如图 6-5 所示。

也可以使用其他方法绘制出这些圆，如下是 $R20$ 圆的绘制，其他圆的绘制方法类似。$R20$ 圆的绘制：在"绘图工具"工具栏上单击"等距线"按钮，输入等距离 15，拾取中心线 1，生成辅助直线 2。单击"圆"，选择"两点 _ 半径"方式，按空格键在弹出的点工具菜单中选择"切点"，拾取 $\phi52$ 的圆；再次按空格键，在弹出点工具菜单中选择"切点"，拾取直线 2，输入半径 20，得到 $R20$ 圆，如图 6-6 所示。

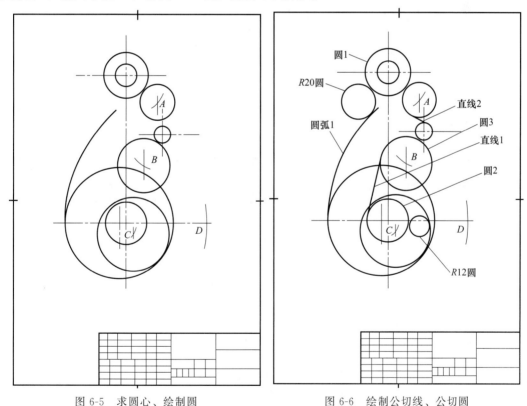

图 6-5　求圆心、绘制圆　　　　　图 6-6　绘制公切线、公切圆

⑤ 画出连接圆弧 $R20$、$R12$ 及 $R10$ 与 $R20$ 和 $R30$ 与 $R24$ 的公切线，然后裁剪多余的线条，最后删除作图过程中的辅助线，并且绘制出剖面图。

在绘制 $R20$ 的圆时，使用"两点 _ 半径"方式。当系统提示"第一点（切点）："时，使用点工具菜单中的"T切点"项，然后用鼠标拾取圆弧 1，系统提示改变为"第二点（切点）："，同样使用点工具菜单中的"T切点"项，用鼠标拾取圆 1，此时系统提示"第三点（切点）或半径"，输入 20 后，系统根据输入数据绘制出所需圆；在绘制直线 1 时，使用直线命令中的两点线方式，使用点工具菜单中的"T切点"项，先后拾取圆 2、圆 3，系统可作出圆 2、圆 3 的公切线。用同样的方法可以作出 $R12$ 圆和直线 2，如图 6-6 所示。

使用"裁剪"命令中的"快速裁剪"方式裁剪多余线条。快速裁剪方式的操作方法是：要裁剪哪一段曲线则拾取哪一段曲线。逐个裁剪每一条曲线，最后得到所需图形。

在相应位置画出剖面图的轮廓，然后用拾取点方式绘制剖面线，如图 6-7 所示。

⑥ 标注全部尺寸并填写标题栏。

使用"尺寸标注"功能中的"基本标注"方式，即可绘制出图中的全部尺寸。当标注带有公差的尺寸，（如尺寸 $26^{+0.021}_{0}$）时，将光标移动到合适位置后，右击即弹出"尺寸标注属性设置"对话框，既可以在上、下偏差编辑框内输入数值，也可以通过输入公差代号，系统自动查表得到上、下偏差值，也可单击"高级选项"在公差表中选取，如图 6-8 所示。

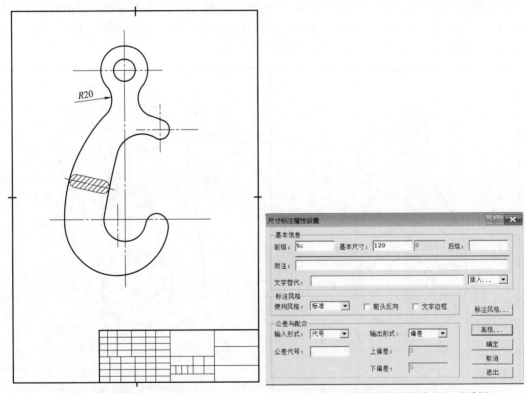

图 6-7　快速裁剪及绘制剖面线　　　　图 6-8　"尺寸标注属性设置"对话框

当标注如粗糙度、形位公差等工程标注时，可使用不同的对应命令。在标注形位公差时，使用形位公差命令，弹出"形位公差"对话框。在对话框中可以选择形位公差的形式以及公差等级和基本尺寸等，所有的操作结果都可以在对话框的预显窗口中显示。在确定后即可通过拖动在合适的位置标注出来。在需要标注基准代号时，使用基准代号命令，输入或修改基准代号字母，在屏幕上拖动基准代号以确定代号的位置。当标注粗糙度时可以选择简单标注和标准标注两种形式，在这里只需要简单标注就可以了。

在书写技术要求时，使用"文字标注"命令。可以在此命令当中修改文字的字高、字体和对齐方式等。然后在需要标注处按下鼠标左键以确定文字位置，系统弹出输入条以供文字输入。然后使用"填写标题栏"功能填写标题栏，如图6-9所示。

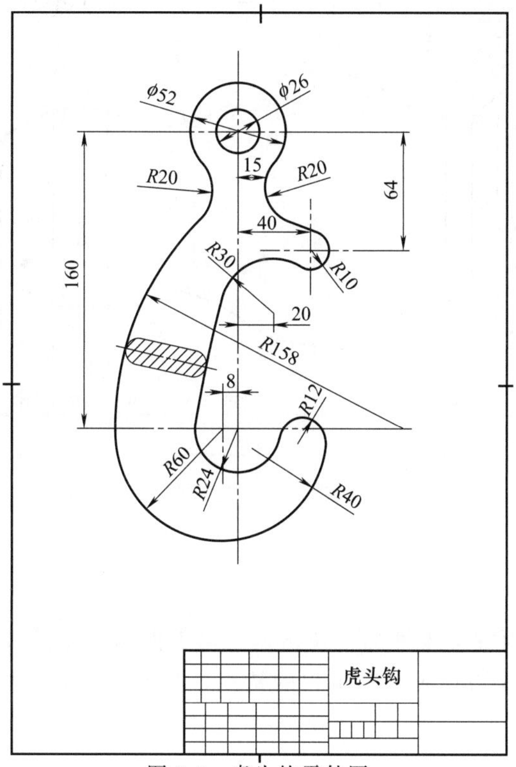

图6-9　虎头钩零件图

四、知识拓展

视图画完后，设置图纸幅面并调入图框和标题栏。

1. 设置图纸幅面

单击"幅面"子菜单中的"图幅设置"一项，弹出"图幅设置"对话框。选择图纸幅面A4、绘图比例1∶1、图纸方向横放，选择横A4图框、标题栏选择国标，设置完毕单击"确定"按钮。

2. 调入图框和标题栏

设置图纸幅面确定后，图框和标题栏调入完成。

3. 填写标题栏

单击"幅面"菜单的"填写标题栏"一项，弹出"填写标题栏"对话框，在对话框中填写有关的信息并确定即可。

任务二　成形面轴类零件自动编程与加工综合实例

一、任务导入

本任务要求完成对图6-10所示零件的凹凸圆弧加工及仿真。

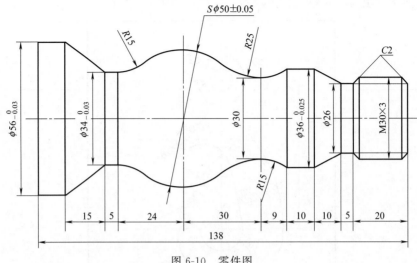

图 6-10　零件图

二、任务分析

本任务主要是成形面轴类零件加工及仿真、培养使用 CAXA 数控车快速绘制图及自动编程的能力。根据 CAXA 数控车自动编程的特点，只要求绘制零件的加工轮廓图，难点在于轮廓粗车参数设置。

三、任务实施

1. 绘制步骤

首先，绘制零件的加工轮廓图如图 6-11 所示。

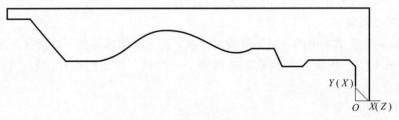

图 6-11　零件的加工轮廓

2. 凹凸圆弧的加工及仿真

（1）轮廓粗车

① 单击主菜单的"加工"→"轮廓粗车"，系统弹出"粗车参数表"对话框，同时在界面的左下方系统提示区显示"请填写加工参数表："。

② 根据实际的加工情况，确定"粗车参数表"对话框中的加工参数、进退刀方式、切削用量和轮廓车刀。选择完毕后，单击"确定"按钮，即可完成对"粗车参数表"对话框的设置。

③ 在界面的左下方系统提示区显示"拾取被加工工件表面轮廓："，按顺序拾取工件的加工轮廓。按空格键弹出一个拾取工具菜单，按鼠标左键选择该工具菜单的"单个拾取"选项。

④ 用鼠标左键可依次拾取被加工工件表面轮廓（虚线部分），如图 6-12 所示。拾取完

毕后，按回车键或按鼠标右键完成拾取。

　　⑤ 在界面的左下方系统提示区显示"拾取定义的毛坯轮廓："，按顺序拾取毛坯轮廓。如图 6-13 所示，用鼠标左键可依次拾取毛坯轮廓（虚线部分）。拾取完毕后，按回车键或按鼠标右键完成拾取。

　　⑥ 在界面的左下方系统提示区显示"输入进退刀点："，要求输入轮廓粗车的进退刀点。用鼠标拾取进退刀点 A。如图 6-14 所示，系统便会自动生成轮廓粗车的刀具运动轨迹，完成零件的轮廓粗加工。

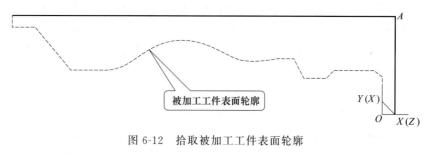

图 6-12　拾取被加工工件表面轮廓

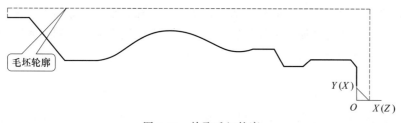

图 6-13　拾取毛坯轮廓

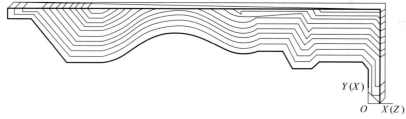

图 6-14　轮廓粗车的刀具运动轨迹

　　（2）零件刀具轨迹的仿真加工

　　① 单击主菜单的"加工"→"轨迹仿真"。

　　② 在界面的左下方系统提示区显示"拾取刀具轨迹："，在绘图界面左侧的状态树下方设置仿真立即菜单的参数和选项。

　　③ 按回车键或按鼠标右键结束，系统即开始刀具运动轨迹的仿真。仿真过程中可按 Esc 键终止仿真。

四、知识拓展

　　在数控车床上进行零件加工的工艺分析与加工过程，可分为以下几个阶段。

　　1. 零件造型设计

CAXA 数控车 2015 具备了计算机辅助设计的要求，提供了强大的实体造型功能，快速绘制二维图形轮廓；提供了函数曲线样条曲线功能，可以形成各种异形面，生成真实的图形，可直观显示设计结果；还提供了灵活的图形编辑功能，实现裁剪、拉伸、打断、偏移等功能的操作，完成复杂零件的二维实体造型设计。

2. 加工方案设计

造型完成后，对零件的二维图形进行分析。按工艺方案的要求，根据零件毛坯、夹具装配之间空间几何关系及刀具参数，筛选最适合的加工方法。对实体造型进行进一步的工艺分析，根据加工性质修改增补造型；根据加工特点以及加工能力，确定需要加工零件的三维实体；再分析实体的组成情况，拟定刀具的进入路径、切削路径、退出路径，找到刀具在运动中可能发生干涉的部位，并及时地进行加工部位的调整，同时设置合理的切削用量。

3. 生成加工轨迹

根据需加工零件的形状特点及工艺要求，利用 CAXA 数控车 2015 提供的轮廓粗车、轮廓精车、切槽、钻孔、螺纹固定循环等加工方法，结合刀具库管理、机床设置、后置设置等功能，根据工艺分析，依次选定需要加工的轮廓，设置相关的加工数据参数和要求，可快速显示图形的生成刀具轨迹和刀具切削路径。针对实体不同加工性质和加工特点的部位，采用不同的加工方法，从而生成不同的粗精加工、切槽、钻孔、车螺纹等加工轨迹。编程人员可以根据实际需要，灵活选择加工部位与加工方法。加工轨迹生成后，利用轨迹参数修改功能对相关轨迹进行编辑和修改。

4. 轨迹仿真

运用轨迹仿真功能，即屏幕模拟实际切削过程，显示材料去除过程和进行刀具干涉检查，检验确保生成的刀具轨迹的正确性。对系统生成的加工轨迹，仿真时用生成轨迹时的加工参数，即轨迹中记录的参数；对从外部反读进来的刀位轨迹，仿真时用系统当前的加工参数。

轨迹仿真分为动态仿真、静态仿真和二维仿真。仿真时可指定仿真的步长来控制仿真的速度，也可以通过调节速度条控制仿真速度。当步长设为 0 时，步长值在仿真中无效；当步长大于 0 时，仿真中每一个切削位置之间的间隔距离即为所设的步长。

操作步骤：

① 在"数控车"子菜单区中选取"轨迹仿真"功能项，同时可指定仿真的类型和仿真的步长。

② 拾取要仿真的加工轨迹，此时可使用系统提供的选择拾取工具。在结束拾取前仍可修改仿真的类型或仿真的步长。

③ 按鼠标右键结束拾取，系统弹出"轨迹仿真控制条"，按开始键开始仿真。仿真过程中可进行暂停、上一步、下一步、终止和速度调节操作。

④ 仿真结束，可以按开始键重新仿真，或者按终止键终止仿真。

5. 生成 G 代码

数控编程的核心工作就是生成刀具轨迹，然后将其离散成刀位点，经机床设置、后置处理产生数控加工程序。当加工轨迹生成后，按照当前机床类型的配置要求，把已经生成的刀具轨迹自动转化成合适的数控系统加工 G 代码，即 CNC 数控加工程序。不同的机床其数控系统是不尽相同的，不同的数控系统其 G 代码功能存在差异，加工程序的指令格式也有所区别，所以要对 G 代码进行后置处理，以对应于相应的机床。利用软件的加工工艺参数后置处理功能，可以通过对"后置处理设置"进行修改，使其适用于机床数控系统的要求，或按机床规定的格式进行定制。定制后，可以保存设置，用于今后与此类机床匹配需要。G 代码生成后，可根据需要自动生成加工工序单，程序会根据加工轨迹编制中的各项参数自动计算各项加工工步的加工时间，这样便于生产的管理和加工工时的计算，并可通过直观的加工仿真和代码反读来检验加工工艺和代码质量。

6. G 代码传输和机床加工

生成的 G 代码要传输给机床，如果程序量少而机床内存容量允许的话，可以一次性地将 G 代码程序传输给机床。如果程序量巨大，就需要进行 DNC 在线传输，将 G 代码通过计算机标准接口直接与机床连通，在不占用机床系统内存的基础上，实现计算机直接控制机床的加工过程。机床根据接收到的 G 代码加工程序，就可以进行在线 DNC 加工或单独加工了。

任务三　阶梯轴零件自动编程加工综合实例

一、任务导入

以图 6-15 所示轴类零件为例，重点分析绘制零件轮廓循环车削加工工艺图、编制加工程序、仿真、生成 G 代码等。

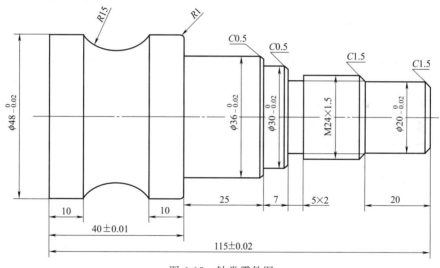

图 6-15　轴类零件图

二、任务分析

该轴类零件结构较简单，尺寸公差要求较小，没有位置公差要求，零件的表面粗糙度全部为 $Ra1.6$。根据工艺清单的要求，该零件全部由数控车床完成，要注意保证尺寸的一致性。车削时，使用三爪卡盘装夹零件一端，另一端通过顶尖装夹的方法，按零件图所示位置装夹。先钻削中心孔，加工零件的外圆部分，切削 5×2 的螺纹退刀槽，加工 M24×1.5 的细牙三角螺纹，然后加工零件的 R15 的凹圆弧，最后保证总长有适当余量切断工件。切断后装夹 φ36 的外圆，手动进给脉冲手轮车平 φ48 端面，保证零件总长。

绘制零件的轮廓循环车削加工工艺图时，将坐标系原点选在零件的右端面和中心轴线的交点上，绘制出毛坯轮廓、零件实体和切断位置。

三、任务实施

1. 绘制步骤

（1）启动系统，运行 CAXA 数控车 2015 软件

运行 CAXA 数控车 2015 软件，进入软件的操作界面，按 F7 键将绘图平面切换至 XOZ 平面。

（2）绘制零件主要轮廓

① 单击主菜单的"曲线"→"直线"或单击"曲线工具"工具条中的"直线"按钮，在左侧出现直线立即菜单。

② 将直线立即菜单设置成两点线、连续、正交、点方式。此时，在界面的左下方系统提示区显示"第一点（切点，垂足点）:"，要求输入直线的第一点。

③ 按回车键，绘图界面中心部位会出现坐标输入条，输入坐标为 (0,0,0)，如图 6-16 所示，然后按回车键或按鼠标右键结束。

图 6-16　坐标输入条

注：点在屏幕上的坐标有绝对坐标和相对坐标两种。它们在输入方法上有所不同。

绝对坐标输入方法很简单，可直接通过键盘输入 X、Y、Z 坐标，各坐标之间必须用逗号隔开。例如"−30,,"、"−30,,40"、",,20"分别对应 (−30,0,0)、(−30,0,40)、(0,0,20)。

相对坐标是指相对于当前点的坐标，和坐标系原点无关。系统规定：输入相对坐标时必须在第一个数值前面加一个符号"@"，以表示相对。例如"@60,0,80"，表示要确定的点是在当前点的基础上 X 坐标增加 60、Y 坐标增加 0、Z 坐标增加 80。

用户在输入任何一个坐标值时都可以使用系统提供的表达式计算功能，直接输入表达式来代替计算点的坐标。如 [52.1/3 * sin (50)，−39.8,5.0 * cos (89)]，不必事先计算好各分量的值。本系统提供的计算功能有加法、减法、乘法、除法、正弦、余弦、正切、反正弦、反余弦、反正切、自然对数、双曲正弦、双曲余弦、双曲正切、绝对值、开平方等。

④ 根据界面的左下方系统提示区显示"第二点（切点，垂足点）:"，要求输入直线的第二点。输入第二点坐标为 (0,10,0)，然后按回车键或按鼠标右键结束，便生成一条直线。

⑤ 按照相同的方法，根据零件图依次输入第三点 (−20,10,0)、第四点 (−20,12,0)、第五点 (−38,12,0)、第六点 (−38,10,0)、第七点 (−43,10,0)、第八点 (−43,15,0)、第九点 (−50,15,0)、第十点 (−50,18,0)、第十一点 (−75,18,0)、第十二点 (−75,24,0)、第十三点 (−119.5,24,0)、第十四点 (−119.5,25,0)，便可完成该零件的加工轮廓，如图 6-17 所示。注意点的坐标之间用英文逗号隔开，不能用中文逗号。

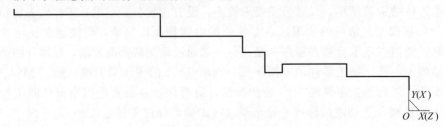

图 6-17　零件的加工轮廓

（3）绘制零件的凹圆弧部分

① 单击主菜单的"曲线"→"等距线"或单击"曲线工具"工具条中的"等距线"按钮，在左侧出现等距线立即菜单，如图 6-18 所示。将等距线立即菜单设置成等距、距离为 10、精度为 0.01。

② 根据界面的左下方系统提示区显示"拾取曲线:"，要求拾取生成等距线的基准线。如图 6-19 所示，用鼠标左键拾取图中线段。

图 6-18　等距线立即菜单

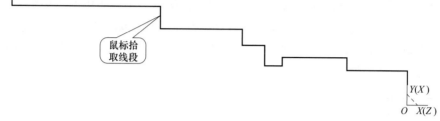

图 6-19　等距线的拾取

③ 出现双向箭头，同时在界面的左下方系统提示区显示"选择等距方向:"，用鼠标单击向左的箭头，即可生成一条直线段。

④ 再选择刚生成的直线段，又会在该直线上出现双向箭头，同时在界面的左下方系统提示区显示"选择等距方向:"，用鼠标单击向左的箭头，即可生成另一条直线段。按此方法依次生成三条直线段，如图 6-20 所示。

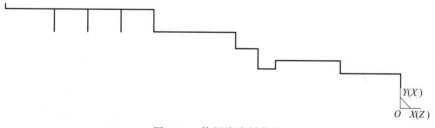

图 6-20　等距线绘制完成

⑤ 单击主菜单的"曲线"→"圆弧"或单击"曲线工具"工具条中的"圆弧"按钮，在左侧出现圆弧立即菜单，如图 6-21 所示。

⑥ 将圆弧立即菜单设置成"两点_半径"。在界面的左下方系统提示区显示"第一点（切点）:"，要求输入圆弧的第一点。此时，按空格键会弹出一个点工具菜单，如图 6-22 所示。

两点_半径 ▼

图 6-21　圆弧立即菜单

✓ 缺省点
屏幕点
端点
中点
交点
圆心
垂足点
切点
最近点
控制点
刀位点
存在点

图 6-22　点工具菜单

⑦ 选择点工具菜单的"缺省点"选项。各类点均可输入增量点，可用直角坐标系、极坐标系和球坐标系三者之一输入增量坐标，系统提供立即菜单，切换和输入数值。如图6-23所示，用鼠标左键拾取图中"点1"和"点2"。

⑧ 根据界面的左下方系统提示区显示"第三点切点（或半径）："，要求输入圆弧的半径值。按回车键，绘图界面中心部位会出现坐标输入条，输入半径值为15，然后按回车键或按鼠标右键结束。

⑨ 单击主菜单的"编辑"→"删除"或单击"线面编辑"工具条中的"删除"按钮 。根据界面的左下方系统提示区显示"拾取元素："，要求拾取要删除的元素（点或线）。如图6-24所示，用鼠标左键拾取图中"线1"、"线2"和"线3"，然后按回车键或按鼠标右键结束。零件上的凹圆弧即绘制完毕。

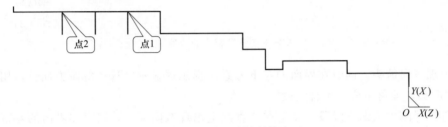

图 6-23　圆弧关键点拾取

（4）零件上各倒角和圆弧倒角的绘制

① 单击主菜单的"曲线"→"曲线过渡"或单击"线面编辑"工具条中的"曲线过渡"按钮 。左侧出现曲线过渡的立即菜单，如图6-25所示。

② 将曲线过渡的立即菜单设置成倒角、角度为45、距离为1.5、裁剪曲线1、裁剪曲线2。

图 6-24　删除辅助线

图 6-25　曲线过渡的立即菜单

③ 根据界面的左下方系统提示区显示"拾取第一条直线："，要求拾取要裁剪的第一条直线。如图6-26所示，用鼠标左键拾取图中"线1"和"线2"。然后按回车键或按鼠标右键结束，则C1.5的倒角绘制完成。

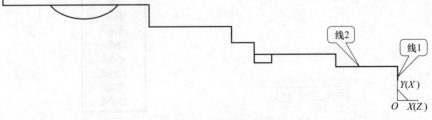

图 6-26　倒角拾取

④ 按上述方法依次完成零件图上 $C1.5$、$C0.5$ 和 $R1$ 的倒角、圆弧倒角。

2. 零件的加工

（1）绘制加工零件各工步加工前毛坯的轮廓

因为在 CAXA 数控车 2015 软件的 CAM 部分要选择工件的毛坯轮廓，所以必须再绘制该零件的毛坯轮廓。在未绘制毛坯轮廓时，零件轮廓图形如图 6-27 所示。

① 单击主菜单的"曲线"→"直线"或单击"曲线工具"工具条中的"直线"按钮，在左侧出现直线立即菜单，如图 6-28 所示。

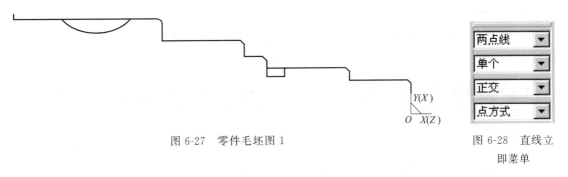

图 6-27　零件毛坯图 1

图 6-28　直线立即菜单

② 将直线立即菜单设置成两点线、单个、正交、点方式。此时，在界面的左下方系统提示区显示"第一点（切点，垂足点）:"，要求输入直线的第一点。

③ 按回车键，绘图界面中心部位会出现坐标输入条，输入坐标为（-38,12,0），然后按回车键或按鼠标右键结束。

④ 根据界面的左下方系统提示区显示"第二点（切点，垂足点）:"，要求输入直线的第二点。和输入第一点相同，按回车键，输入第二点坐标为（-43,12,0）便生成一条直线，然后按回车键或按鼠标右键结束。

⑤ 单击主菜单的"曲线"→"直线"或单击"线面编辑"工具条中的"直线"按钮，在左侧出现直线立即菜单，将直线立即菜单设置成两点线、连续、正交、点方式。此时，在界面的左下方系统提示区显示"第一点（切点，垂足点）:"，要求输入直线的第一点。按回车键，绘图界面中心部位会出现坐标输入条，输入坐标为（-119.5,25,0），然后按回车键或按鼠标右键结束。

⑥ 根据界面的左下方系统提示区显示"第二点（切点，垂足点）:"，要求输入直线的第二点。和输入第一点相同，按回车键，输入第二点坐标为（5,25,0）便生成一条直线，然后按回车键或按鼠标右键结束。

⑦ 按照上述方法，根据零件图依次输入第三点（5,0,0）、第四点（0,0,0）。完成此操作后，结果如图 6-29 所示。

（2）零件的外圆粗加工

轮廓粗车用于实现对工件外轮廓、内轮廓和端面的粗车加工，用来快速清除毛坯的多余部分。

注：轮廓粗车时要确定被加工轮廓和毛坯轮廓，被加工轮廓就是加工结束后的工件表面轮廓，毛坯轮廓就是加工前毛坯的表面轮廓。被加工轮廓和毛坯轮廓的两端点相连，两轮廓共同构成一个封闭的加工区域，在此区域的加工材料被去除。被加工轮廓和毛坯轮廓不能单独闭合或未相交。在选择被加工轮廓或毛坯轮廓时，如果出现拾取失败，则说明该轮廓单独

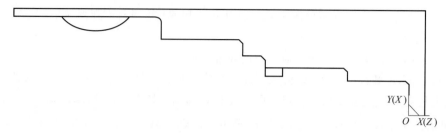

图 6-29 零件毛坯图 2

闭合或未相交。

① 单击主菜单的"加工"→"轮廓粗车",系统弹出"粗车参数表"对话框(见图6-30),同时在界面的左下方系统提示区显示"请填写加工参数表:"。

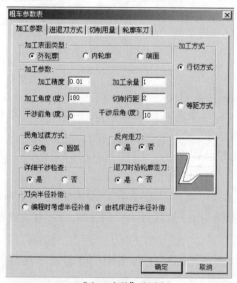

(a)"加工参数"选项卡

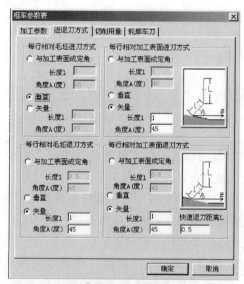

(b)"进退刀方式"选项卡

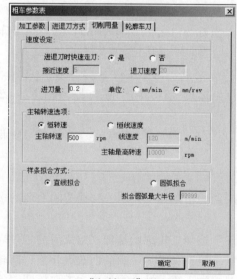

(c)"切削用量"选项卡

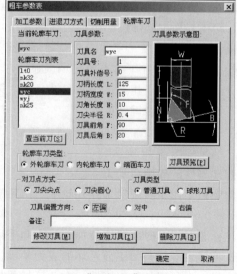

(d)"轮廓车刀"选项卡

图 6-30 "粗车参数表"对话框

② 根据实际的加工情况，确定"粗车参数表"对话框中的加工参数、进退刀方式、切削用量和轮廓车刀等。

③ 选择完毕后，单击"确定"按钮，即可完成对"粗车参数表"对话框的设置。

④ 在界面的左下方系统提示区显示"拾取被加工工件表面轮廓:"，要求按顺序拾取工件的加工轮廓。此时，按空格键会弹出拾取工具菜单，如图 6-31 所示。

图 6-31　拾取工具菜单

注：用户可以采用链拾取、限制链拾取或单个拾取的方式来拾取被加工的工件表面轮廓和毛坯轮廓。

若被加工轮廓和毛坯轮廓首尾相连，采用链拾取会将被加工轮廓和毛坯轮廓混在一起，采用限制链拾取和单个拾取则可以将两者区分开。

⑤ 按鼠标左键，选择拾取工具菜单的"限制链拾取"选项。如图 6-32 所示，用鼠标左键可依次拾取起始元素和限制元素，完成被加工工件表面轮廓（虚线部分）的拾取，按回车键或按鼠标右键完成拾取。

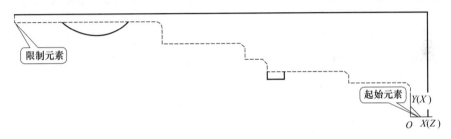

图 6-32　被加工工件表面轮廓拾取

⑥ 在界面的左下方系统提示区显示"拾取定义的毛坯轮廓:"，要求按顺序拾取毛坯的轮廓。按空格键会弹出一个拾取工具菜单，按鼠标左键选择该工具菜单的"单个拾取"选项。如图 6-33 所示，用鼠标左键可依次拾取"元素 1"和"元素 2"，完成毛坯轮廓（虚线部分）的拾取，按回车键或按鼠标右键完成拾取。

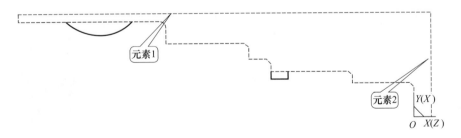

图 6-33　轮廓粗车的毛坯拾取

⑦ 在界面的左下方系统提示区显示"输入进退刀点:"，要求输入轮廓粗车的进退刀点。用鼠标捕捉（5，25，0）进退刀点。如图 6-34 所示，系统便会自动生成轮廓粗车的刀具运动轨迹，完成零件的轮廓粗加工。

（3）零件的外圆精加工

轮廓精车用于实现对工件外轮廓、内轮廓和端面的精车加工，用来保证零件的尺寸精度和表面粗糙度等。

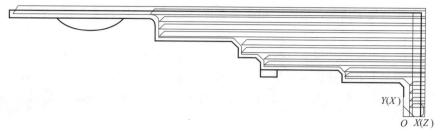

图 6-34　轮廓粗车的刀具运动轨迹

注：轮廓精车时要确定被加工轮廓，被加工轮廓就是加工结束后的工件表面轮廓，被加工轮廓和毛坯轮廓必须是闭合的。在选择被加工轮廓时，如果出现拾取失败，则说明该轮廓没有闭合。

① 单击主菜单的"加工"→"轮廓精车"，系统弹出"精车参数表"对话框（见图6-35），同时在界面的左下方系统提示区显示"请填写加工参数表"。

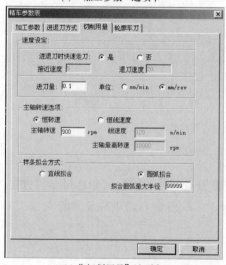

(a)"加工参数"选项卡

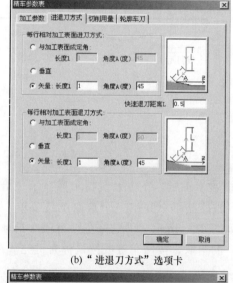

(b)"进退刀方式"选项卡

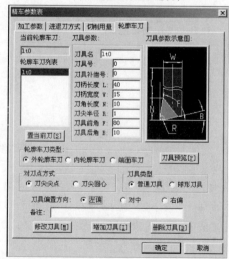

(c)"切削用量"选项卡

(d)"轮廓车刀"选项卡

图 6-35　"精车参数表"对话框

② 根据实际的加工情况，确定"精车参数表"对话框中的加工参数、进退刀方式、切削用量和轮廓车刀。选择完毕，单击"确定"按钮，即可完成对"精车参数表"对话框的设置。

③ 在界面的左下方系统提示区显示"拾取被加工工件表面轮廓："，要求按顺序拾取工件的加工轮廓。按空格键弹出拾取工具菜单，按鼠标左键选择该工具菜单的"限制链拾取"选项。

④ 如图 6-36 所示，用鼠标左键依次拾取起始元素和限制元素（虚线部分），完成被加工工件表面轮廓的拾取。按回车键或按鼠标右键完成拾取。

⑤ 根据界面的左下方系统提示区显示"输入进退刀点："，要求输入轮廓精车的进退刀点。按回车键，绘图界面中心部位会出现坐标输入条，输入坐标为（5,25,0），然后按回车键或按鼠标右键结束。如图 6-37 所示，系统便会自动生成轮廓精车的刀具运动轨迹，完成零件的轮廓精加工。

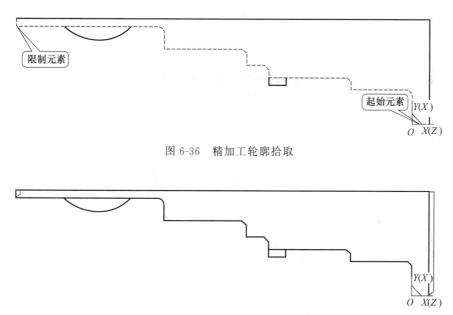

图 6-36　精加工轮廓拾取

图 6-37　轮廓精车的刀具运动轨迹

（4）零件的外沟槽加工

切槽用于实现对工件外轮廓、内轮廓和端面的加工。

① 单击主菜单的"加工"→"切槽"，系统弹出"切槽参数表"对话框（见图 6-38），同时在界面的左下方系统提示区显示"请填写加工参数表："。

注：切槽时要确定被加工轮廓和毛坯轮廓，被加工轮廓就是加工结束后的工件表面轮廓，毛坯轮廓就是加工前毛坯的表面轮廓。被加工轮廓和毛坯轮廓不能单独闭合或未相交。

② 根据实际的加工情况，确定"切槽参数表"对话框中的切槽加工参数、切削用量和切槽刀具。该零件的切槽参数选择情况如图 6-38（a）～（c）所示。选择完毕后，单击"确定"按钮，即可完成对"切槽参数表"对话框的设置。

③ 根据界面的左下方系统提示区显示"拾取被加工工件表面轮廓："，要求按顺序拾取工件的加工轮廓。此时，按空格键会弹出一个拾取工具菜单，按鼠标左键选择该工具菜单的"单个拾取"选项。如图 6-39 所示，用鼠标左键可依次拾取各个元素，完成退刀槽的被加工

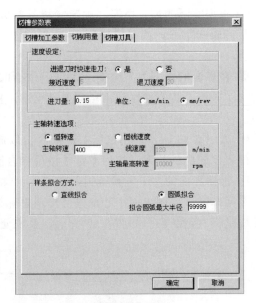

(a) "切槽加工参数"选项卡   (b) "切削用量"选项卡

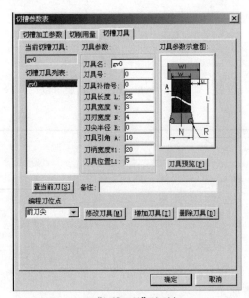

(c) "切槽刀具"选项卡

图 6-38 "切槽参数表"对话框

工件表面轮廓拾取（虚线部分）。拾取完毕后，按回车键或按鼠标右键完成拾取。

④ 根据界面的左下方系统提示区显示"输入进退刀点："，要求输入切槽刀的进退刀点。按鼠标左键选择不发生干涉的适当位置定义进退刀点，如图 6-39 所示。拾取完毕后，按回车键或按鼠标右键完成拾取。系统便会自动生成切槽的刀具运动轨迹，完成零件的切槽加工。

（5）零件的外螺纹加工

车螺纹为非固定方式加工螺纹，可对螺纹加工过程中的各种工艺条件和加工方式进行更为灵活的控制。

① 单击主菜单的"加工"→"车螺纹"，在界面的左下方系统提示区显示"拾取螺纹起始

点:"，用鼠标捕捉螺纹起点。

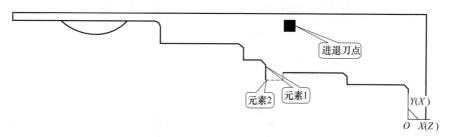

图 6-39 切槽轮廓拾取

② 根据系统提示区显示"拾取螺纹终点:"，用鼠标捕捉拾取螺纹终点。此时，绘图界面中心部位会出现"螺纹参数表"对话框，如图 6-40 所示。

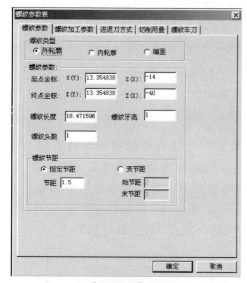

(a)"螺纹参数"选项卡

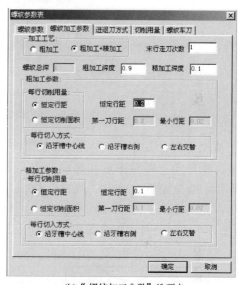

(b)"螺纹加工参数"选项卡

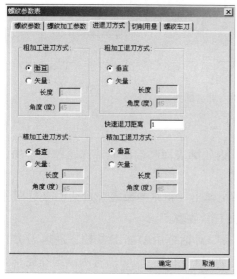

(c)"进退刀方式"选项卡

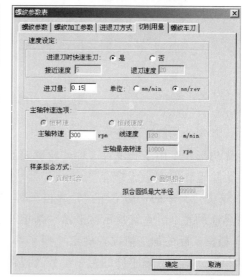

(d)"切削用量"选项卡

图 6-40

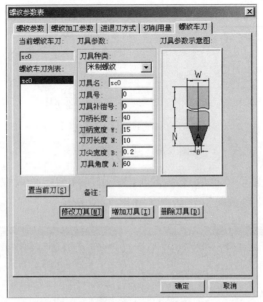

(e)"螺纹车刀"选项卡

图 6-40 "螺纹参数表"对话框

③ 根据实际的加工情况，确定"螺纹参数表"对话框中的螺纹参数、螺纹加工参数、进退刀方式、切削用量和螺纹车刀。该零件的螺纹参数选择情况如图 6-40 （a） ～（e）所示。选择完毕，单击"确定"按钮，即可完成对"螺纹参数表"对话框的设置。

④ 在界面的左下方系统提示区显示"输入进退刀点:"，用鼠标捕捉进退刀点。如图 6-41所示，系统便会自动生成车螺纹的刀具运动轨迹，完成零件的螺纹加工。

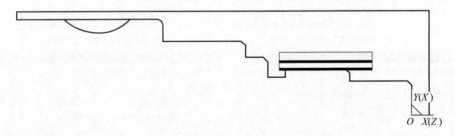

图 6-41　车螺纹的刀具运动轨迹

（6）零件的凹圆弧部分加工

轮廓仿形粗车用于实现对工件外轮廓表面、内轮廓表面和端面的特殊轮廓粗车加工，用来快速清除毛坯的多余部分。

① 单击主菜单的"加工"→"轮廓粗车"，系统弹出"粗车参数表"对话框（见图 6-42），同时在界面的左下方系统提示区显示"请填写加工参数表:"。

② 根据实际的加工情况，确定"粗车参数表"对话框中的加工参数、进退刀方式、切削用量和轮廓车刀。该零件的粗车参数选择情况如图 6-42 （a）～（d）所示。选择完毕，单击"确定"按钮，即可完成对"粗车参数表"对话框的设置。

③ 在界面的左下方系统提示区显示"拾取被加工工件表面轮廓:"，要求按顺序拾取工

件的加工轮廓。此时，按空格键会弹出一个拾取工具菜单，按鼠标左键选择该工具菜单的"单个拾取"选项。用鼠标左键可依次拾取被加工工件表面轮廓（虚线部分），如图 6-42 所示。拾取完毕后，按回车键或按鼠标右键完成拾取。

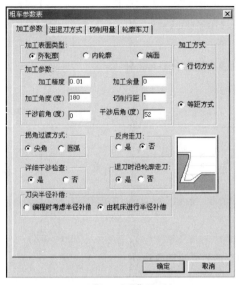

(a) "加工参数"选项卡

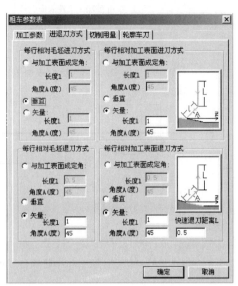

(b) "进退刀方式"选项卡

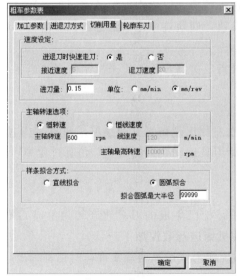

(c) "切削用量"选项卡

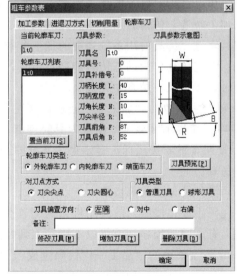

(d) "轮廓车刀"选项卡

图 6-42　"粗车参数表"对话框

④ 在界面的左下方系统提示区显示"拾取定义的毛坯轮廓："，要求按顺序拾取毛坯轮廓。如图 6-43 所示，用鼠标左键可依次拾取毛坯轮廓（虚线部分）。拾取完毕，按回车键或按鼠标右键完成拾取。

⑤ 在界面的左下方系统提示区显示"输入进退刀点："，要求输入轮廓粗车的进退刀点。用鼠标捕捉进退刀点。系统便会自动生成轮廓仿形粗车的刀具运动轨迹（见图 6-44），完成零件的轮廓仿形粗加工。

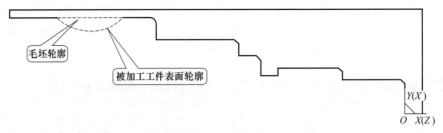

图 6-43　拾取被加工工件表面轮廓和毛坯轮廓

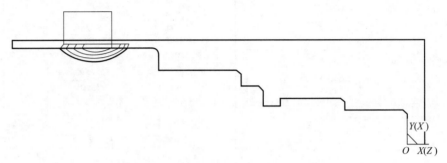

图 6-44　轮廓仿形粗车的刀具运动轨迹

（7）零件加工刀具轨迹的仿真

轨迹仿真是指对已有的加工轨迹进行加工过程模拟，以检查加工轨迹的正确性。对系统生成的加工轨迹，仿真时用生成轨迹时的加工参数，即轨迹中记录的参数；对由外部反读过来的刀具轨迹，仿真时用系统当前的加工参数。

注：轨迹仿真分为动态仿真和静态仿真，可指定仿真步长，用来控制仿真的速度。当步长为 0 时，步长值在仿真中无效。

① 单击主菜单的"加工"→"轨迹仿真"。

② 在系统提示区显示"拾取刀具轨迹："，在左侧出现仿真立即菜单，如图 6-45 所示。

③ 按回车键或按鼠标右键结束，系统即开始刀具运动轨迹的仿真。仿真过程中可按 Esc 键终止仿真。

（8）零件的加工代码生成

G 代码生成是按照当前使用机床的配置要求，把已生成的刀具轨迹转化生成 G 代码数据文件。有了数控程序，就可以直接输入到数控机床进行数控加工。

① 单击主菜单的"加工"→"代码生成"，系统弹出"选择后置文件"对话框，要求用户填写后置程序文件名，如图 6-46 所示。

图 6-45　仿真立即菜单

图 6-46　"选择后置文件"对话框

② 输入文件名后单击"打开"按钮，系统提示拾取加工轨迹，然后按回车键或按鼠标右键结束，系统即生成数控程序。拾取是使用系统提供的拾取工具，可同时拾取多个加工轨迹，被拾取的加工轨迹的代码将生成在一个文件中，生成的先后顺序与拾取的先后顺序相同。

四、知识拓展

1. DNC 的概念

DNC（Distributed Numerical Control）称为分布式数控，是数控机床联网专业术语。DNC 数控机床联网解决方案对车间的加工设备进行有效的整合，提高了设备的利用率，缩短了机床的辅助时间；实现了车间的资源与信息透明化，降低了管理成本及管理难度，解决了过去对设备无法掌控的被动局面；帮助企业有效地优化生产、提高人员工作效率、增强各部门间的协同能力，最终实现企业经济效益的同比显著增长。

CAXA 网络 DNC 系统通信模块主要完成和相关机床内容的设置，实现机床和计算机网络的通信。

2. CAXA 数控车通信参数设置

① 单击 CAXA 数控车"通信"下拉菜单中的"参数设置"，出现"参数设置"对话框，按照不同机床的数控系统设置发送参数，如图 6-47 所示。

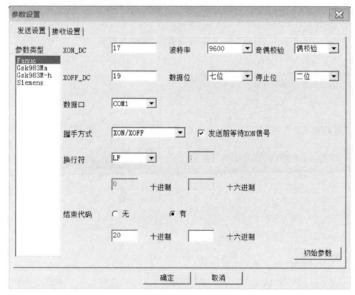

图 6-47 "发送设置"选项卡设置

② 单击 CAXA 数控车"通信"下拉菜单中的"参数设置"，出现"参数设置"对话框，按照不同机床的数控系统设置接收参数，如图 6-48 所示。

3. 发送程序代码

单击 CAXA 数控车"通信"下拉菜单中的"发送"，出现"发送代码"对话框，如图 6-49 所示，选择后单击"确定"按钮，程序文件开始传送。在机床端，按照不同机床的接收操作，进行接收。

4. 接收程序代码

单击 CAXA 数控车"通信"下拉菜单中的"接收"，出现"接收代码"对话框，如图

6-50所示，选择后单击"确定"按钮，程序文件开始传送。在机床端，按照不同机床系统的完成接收操作。

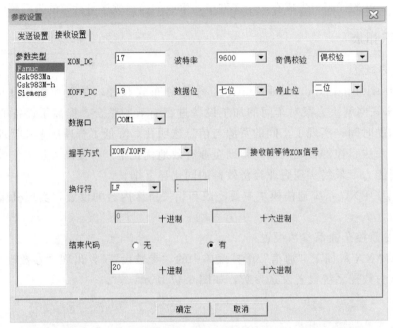

图 6-48 "接收设置"选项卡设置

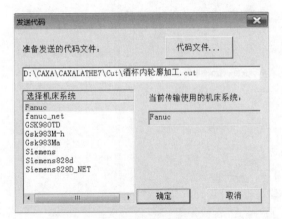

图 6-49 "发送代码"对话框

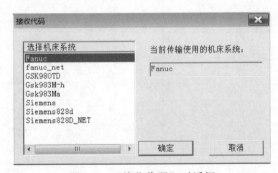

图 6-50 "接收代码"对话框

任务4 手柄零件自动编程与加工综合实例

一、任务导入

如图 6-51 所示，零件手柄的轮廓线由直线、椭圆、螺旋线和圆弧构成。该零件图的加工难点在于由 R30 的圆弧段、椭圆曲线圆弧段相切形成的光滑曲面的编程计算。若采用手工编程，则各段曲线相切处的节点计算非常复杂，必须借助计算机辅助绘图。另外，该段特殊曲面的轮廓变化为凹凸相间,采用宏程序编程时只能使用 G73 循环指令,该指令会导致出现多次走空刀的现象,降低了加工效率。

因此利用 CAXA 数控车对手柄零件进行自动编程,手柄零件造型如图 6-52 所示。

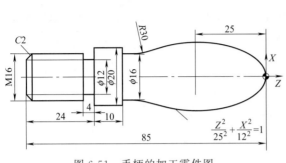
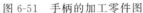

图 6-51 手柄的加工零件图

图 6-52 手柄的造型图

二、任务分析

手柄零件的数控加工流程包括外轮廓、外槽和外螺纹的粗加工及精加工,零件的加工难点在于特殊弧形外轮廓的编程加工。因此,下面着重介绍基于 CAXA 数控车 2015 软件的特殊弧形外轮廓的粗、精加工编程。

在利用 CAXA 数控车 2015 软件对零件进行数控自动编程加工前,首先要对零件进行加工工艺分析,正确划分加工工序,选择合适的加工刀具,设置相应的切削参数,确定加工路线和刀具轨迹,以保证零件的加工效率和加工质量。

(1)确定毛坯及装夹方式

根据零件图选毛坯为 $\phi 28mm \times 130mm$ 的圆棒料,材料为 45 钢。该零件为实心轴类零件,使用普通三爪卡盘夹紧工件,并且轴的伸出长度适中(100mm)。以工件的椭圆曲线圆弧右端点为工件原点建立编程坐标系。

(2)确定数控刀具及切削用量

根据手柄零件特殊外轮廓的加工要求,选择刀具及切削用量如表 6-1 所示。

表 6-1 外轮廓加工的刀具及切削用量

加工内容	刀具规格	刀具及刀补号	主轴转速 /(r/min)	进给速度 /(mm/r)
外轮廓的粗加工	主偏角 $K_r = 90°$ 的硬质合金车刀	T0101	500	0.3
外轮廓的精加工	主偏角 $K_r = 90°$ 且负偏角为 30° 的外圆精车刀	T0202	900	0.1

三、任务实施

1. 毛坯及外轮廓的建模

在 CAXA 数控车 2015 软件中对加工对象进行轮廓建模时,需要同时给出毛坯轮廓和加工对象的外轮廓,轮廓的建模可以通过 CAXA 数控车 2015 软件直接绘制或者利用 AutoCAD 中 dxf 图形文件的导入来实现。无论是采用直接绘图还是间接导入的方式,都只需要画出零件的加工轨迹轮廓,不需要画出完整的零件图,且无需考虑最后切断的加工长度和直径方向的余量,直接按照手柄的外轮廓最终尺寸进行绘制,加工余量则通过毛坯轮廓的建模来体现。

在 CAXA 数控车 2015 软件中导入 dxf 图形文件的具体步骤为:首先利用 AutoCAD 软件绘制好所需的毛坯及手柄外轮廓,并将其保存为 .dxf 文件,然后利用 CAXA 数控车 2015 中的数据输入功能将 dxf 文件读入到 CAXA 数控车 2015 的界面中。毛坯及手柄的具体外轮廓图如图 6-53 所示。

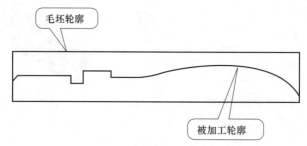

图 6-53　手柄的毛坯轮廓和被加工轮廓

2. 外轮廓的自动编程

① 外轮廓粗车加工。根据加工工艺中先粗后精的加工原则,首先对手柄的外轮廓进行粗车加工,单击 CAXA 数控车 2015 工具栏上的"轮廓粗车"图标,根据加工要求填写各项加工参数、进退刀方式、切削用量的粗车参数表,加工参数和轮廓车刀选取如图 6-54 和图 6-55 所示。需要注意的是在当前轮廓车刀中,只有一把名称为"lt0"的车刀,需要根据实际加工情况添加所需外轮廓车刀,并根据要求设置好相应的刀具参数。

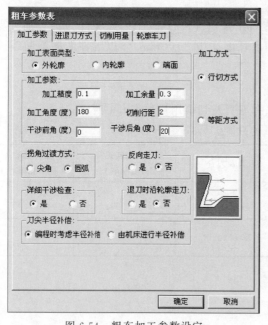

图 6-54　粗车加工参数设定

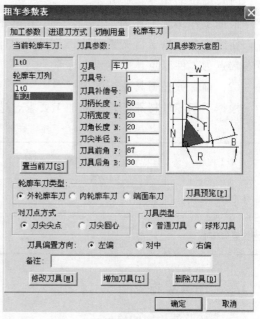

图 6-55　粗车轮廓车刀参数设定

在各项参数设置结束之后,根据系统提示分别拾取图 6-53 中的被加工轮廓和毛坯轮廓,采用限制链拾取方式,分别拾取左面轮廓线和右面 $R8$ 圆弧部分的轮廓线,如图 6-56 所示。

拾取毛坯轮廓线与拾取加工表面轮廓线类似，如图 6-57 所示。

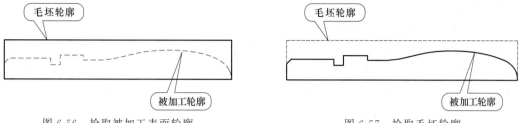

图 6-56　拾取被加工表面轮廓　　　　　图 6-57　拾取毛坯轮廓

　　根据刀具路径轨迹选择合适的进退刀点，系统则自动生成粗车外轮廓的刀具轨迹图，如图 6-58 所示。

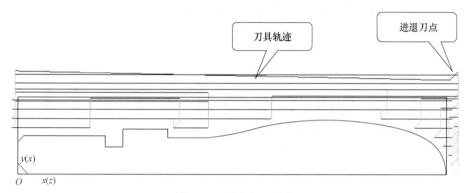

图 6-58　粗车加工轨迹

　　② 外轮廓精车加工。外轮廓的精车与粗车设置相似，只是将加工参数适当改变，其余采用系统默认设置，此处不赘述。

　　③ 外轮廓的粗精加工轨迹仿真及程序生成。在 CAXA 数控车 2015 软件中生成的粗、精加工刀具轨迹，可以进行模拟仿真，以验证加工程序的正确性。具体操作如下：单击数控车工具栏中的"轨迹仿真"图标，CAXA 数控车 2015 系统可以自动进行轨迹仿真。选择"二维实体"和"缺省毛坯轮廓"方式。根据系统提示，拾取已经生成的簇、精加工刀具轨迹，系统开始进行仿真。通过轨迹仿真，观察刀具走刀路线以及是否存在干涉及过切现象。图 6-59 为所示的仿真结果。

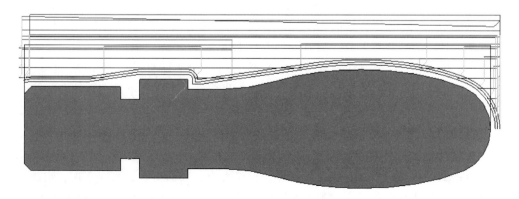

图 6-59　外轮廓粗、精加工仿真结果

程序生产是根据当前数控系统的配置要求，把生成的加工轨迹转化成 G 代码数据文件，即生成 CNC 数控程序。

生成 CNC 数控程序具体操作过程：

单击主菜单中的"数控车"→"代码生成"命令，或者单击数控车工具栏中的"代码生成"图标，根据系统提示，填写"后置文件"对话框，保存后置文件（＊.cut）的地址，填写相应的文件名称后，单击"打开"按钮，拾取相应的刀具轨迹，系统自动生成"记事本"文件，该文件即为生成的数控代码加工程序。图 6-60 为手柄外轮廓粗、精加工的部分程序代码。

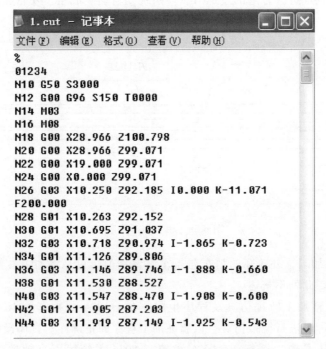

图 6-60　外轮廓粗、精加工的部分程序代码

四、知识拓展

CAXA 数控车 2015 软件生成的加工程序，通过 R232 串行口，可以直接传输给数控机床的 MCU。然后数控机床中所采用的数控系统不同，会导致 G 代码指令的语言格式也有差别，因此需要通过机床设置和程序后置处理方法来解决。

以 FANUC 数控系统为例，在 CAXA 数控车 2015 软件中，默认的机床名只有 LATHE1、LATHE2 和 LATHE3，因此需要添加机床。单击主菜单的"数控车"→"机床设置"命令，添加 FANUC 数控机床，并设置主轴控制、数值插补方法、补偿方式、程序启停等相应操作的 G 代码指令。

程序后置处理就是针对已经添加的 FANUC 数控机床，结合已经设置好的机床配置，对后置输出的数控程序的格式、程序段行号、程序大小、数据格式、编程方式、圆弧控制方式等进行设置，具体操作为单击"数控车"→"后置设置"，根据新建的 FANUC 机床进行后置参数设置，以达到简化程序的目的。

项 目 小 结

CAXA 数控车 2015 软件具有 CAD 软件的强大绘图功能和完善的外部数据接口，可以绘制任意复杂的图形，可通过 DXF、IGES 等数据接口与其他系统交换数据。同时 CAXA 数控车通用的后置处理模块使 CAXA 数控车可以满足各种机床的代码格式，可输出 G 代码，并可对生成的代码进行校验及加工仿真。使用简洁的轨迹生成手段，可按加工要求生成各种复杂图形的加工轨迹。本项目通过 4 个综合应用实例，叙述了 CAXA 数控车 2015 软件绘图及编程的操作过程，帮助读者开阔思路，灵活应用，提高 CAXA 数控车 2015 软件应用的实践操作能力。

思考与练习

一、填空题

1. 在 CAXA 数控车中，曲线有（　　）、（　　）、（　　）、（　　）、（　　）等类型。

2. 在 CAXA 数控车系统的功能键中，显示缩小按（　　）键，显示放大按（　　）键，显示全部图形按（　　）键。

3. 用鼠标（　　）键可以确认拾取、结束操作或终止命令等。

4. CAXA 数控车为用户提供了查询功能，可以查询（　　）、（　　）、（　　）、（　　）、（　　）、（　　）、（　　）等内容。

5. 机床设置是针对不同的（　　）、不同的（　　），设置特定的数控（　　）、数控（　　）及（　　），并生成配置文件。

6. 裁剪操作分为（　　）、（　　）、（　　）三种方式。

7. 生成数控程序时，系统根据（　　）的定义，生成用户所需的特定代码格式的加工指令。

8. 激活点菜单用键盘的（　　）。

9. 切槽功能用于在工件（　　）表面、（　　）表面和（　　）面切槽。被加工轮廓就是加工结束后的（　　）轮廓，被加工轮廓和毛坯轮廓不能（　　）或（　　）。

10. 切深步距指粗车槽时，刀具每一次（　　）向切槽的切入量。

11. 螺纹加工可分为（　　）和（　　）两种。

12. 钻孔功能用于在工件的（　　）钻中心孔。

13. 进刀增量指深孔钻时每次（　　）量或镗孔时每次（　　）量。

14. 反向走刀是选择否，是指刀具按默认方向走刀，即刀具从 Z 轴（　　）向向 Z 轴（　　）向移动。

二、选择题

1. 在下列代码中，属于非模态代码的是（　　）。

A. M03 　　　　　　 B. F150 　　　　　　 C. S250 　　　　　　 D. G04

2. 使用快速定位指令 G00 时，刀具整个运动轨迹（　　），因此要注意防止刀具和工件及夹具发生干涉。

A. 与坐标轴方向一致

B. 不一定是直线

C. 按编程时给定的速度运动

D. 一定是直线

3. 鼠标右键的功能是（　　　）。

A. 激活画直线

B. 确认拾取、结束操作或终止命令

C. 激活菜单、确定位置点或拾取元素

4. CAXA 数控车预定了一些快捷键，其中"打开"用（　　　）表示。

A. Ctrl＋O　　　　　　　B. Ctrl＋S　　　　　　　C. Alt＋X

5. 圆弧的相切方式与（　　　）的位置相关。

A. 鼠标右键　　　　　　　B. 鼠标左键　　　　　　　C. 所选切点

6. 快速裁剪是将拾取到的曲线沿（　　　）的边界处进行裁剪。

A. 最近　　　　　　　　　B. 附近　　　　　　　　　C. 端点

7. 能自动捕捉直线、圆弧、圆及样条线端点的快捷键为（　　　）。

A. M 键　　　　　　　　　B. F 键　　　　　　　　　C. S 键

8. 可以画任意方向直线的是（　　　）方式。

A. 正交　　　　　　　　　B. 非正交　　　　　　　　C. 长度

9. 刀具的系列号，用于（　　　）指令。

A. 后置处理和自动换刀

B. 后置处理的自动换刀

C. 刀具的自动补偿

10. 车端面时，默认加工方向应垂直于系统 X 轴，即加工角度为（　　　）。

A. −90°或 270°　　　　　B. 90°或 270°　　　　　C. −90°或−270°

三、判断题

1. 进行轮廓的粗车操作时，要确定被加工轮廓和待加工轮廓。（　　　）

2. 被加工轮廓和毛坯轮廓不能单独闭合或自相交。（　　　）

3. 恒线速度是切削过程中按指定的线速度值保持线速度恒定。（　　　）

4. M09 是冷却液开。（　　　）

5. CAXA 数控车预定了一些快捷键，其中"粘贴"用 Ctrl＋N 表示。（　　　）

四、简答题

1. CAXA 数控车的主要特点是什么？

2. 切槽时应如何选择刀具？

3. CAXA 数控车能实现哪些加工？

4. CAXA 数控车能实现哪些孔的加工？

5. 什么是两轴加工？

五、编程题

加工图 6-61、图 6-62 所示零件。根据图样尺寸及技术要求，完成下列内容。

1. 完成零件的车削加工造型。

2. 对该零件进行加工工艺分析，填写数控加工工艺卡片。

3. 根据工艺卡中的加工顺序，进行零件的轮廓粗/精加工、切槽加工和螺纹加工，生成加工轨迹。

4. 进行机床参数设置和后置处理，生成 NC 加工程序。

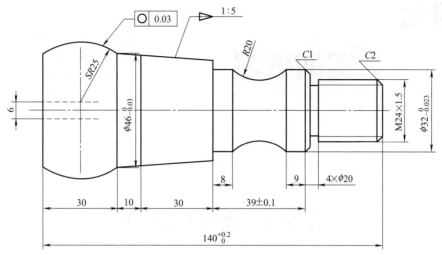

图 6-61　球形轴零件图

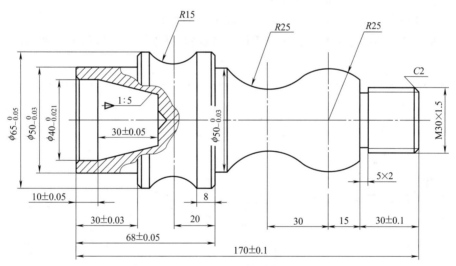

图 6-62　成形面轴零件图

实训练习

任务一　轴类零件加工

加工图 7-1～图 7-5 所示的零件。根据图样尺寸及技术要求，完成下列内容。

① 完成零件的车削加工造型（建模）。

② 对该零件进行加工工艺分析，填写数控加工工艺卡片。

③ 根据工艺卡中的加工顺序，进行零件的轮廓粗/精加工、切槽加工和螺纹加工，生成加工轨迹。

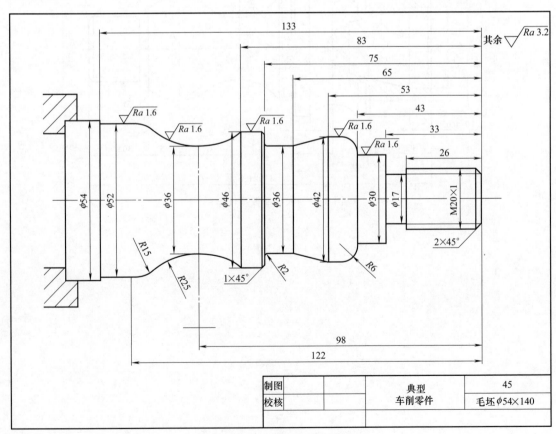

图 7-1　典型轴类零件图（一）

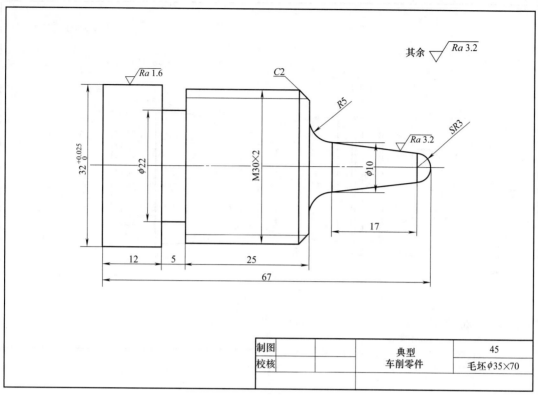

图 7-2　典型轴类零件图（二）

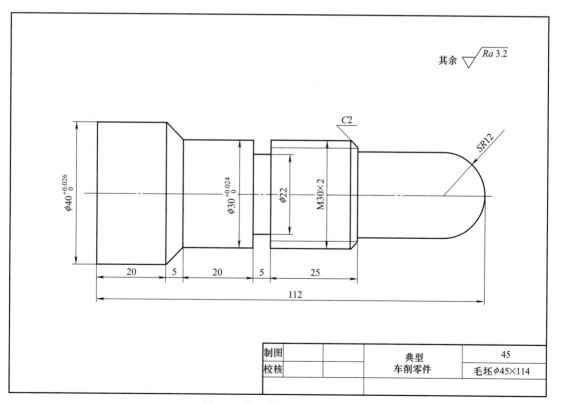

图 7-3　典型轴类零件图（三）

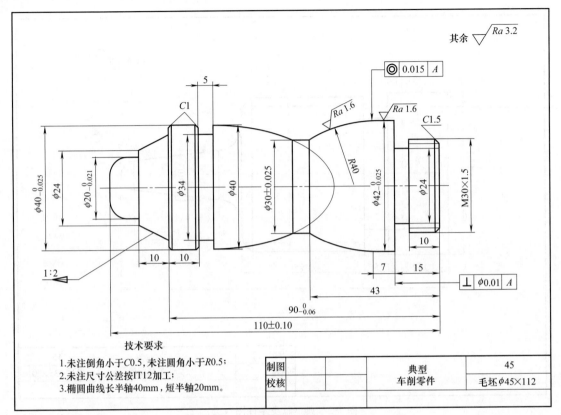

图 7-4　典型轴类零件图（四）

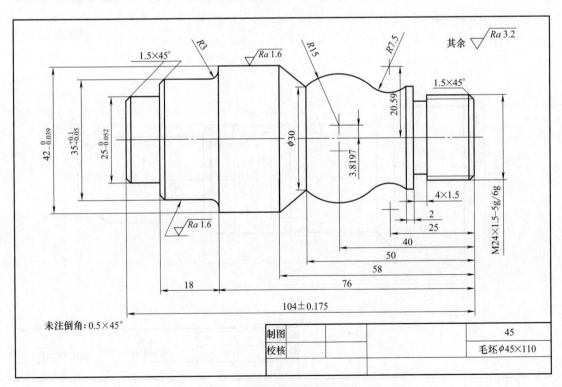

图 7-5　典型轴类零件图（五）

④ 进行机床参数设置和后置处理，生成 NC 加工程序。

⑤ 将造型、加工轨迹和 NC 加工程序文件，保存到指定服务器上。

任务二　孔轴类零件的加工

加工图 7-6～图 7-10 所示的零件。根据图样尺寸及技术要求，完成下列内容。

① 完成零件的车削加工造型（建模）。

② 对该零件进行加工工艺分析，填写数控加工工艺卡片。

③ 根据工艺卡中的加工顺序，进行零件的轮廓粗/精加工、切槽加工和螺纹加工，生成加工轨迹。

④ 进行机床参数设置和后置处理、生成 NC 加工程序。

⑤ 将造型、加工轨迹和 NC 加工程序文件，保存到指定服务器上。

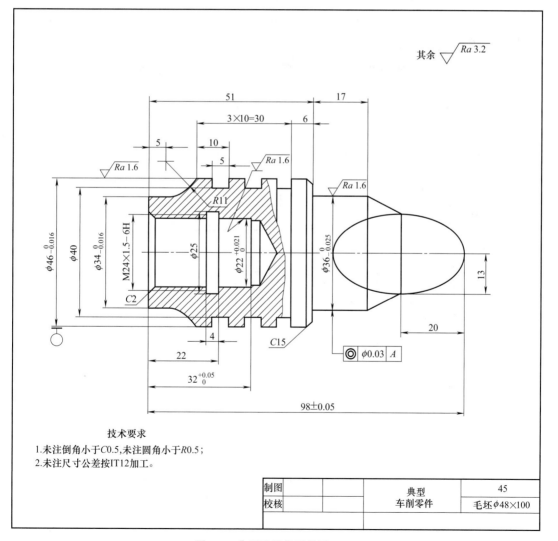

图 7-6　典型孔轴类零件图（一）

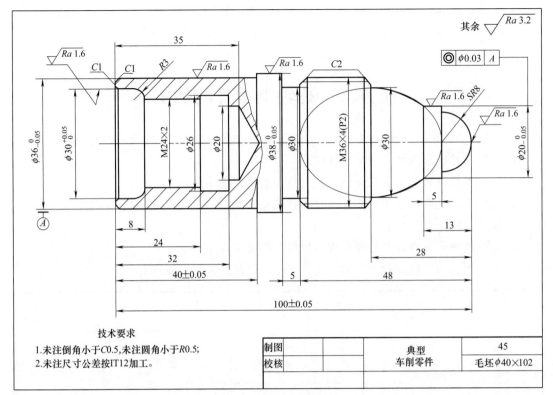

技术要求
1.未注倒角小于C0.5,未注圆角小于R0.5;
2.未注尺寸公差按IT12加工。

制图			典型	45
校核			车削零件	毛坯φ40×102

图 7-7　典型孔轴类零件图（二）

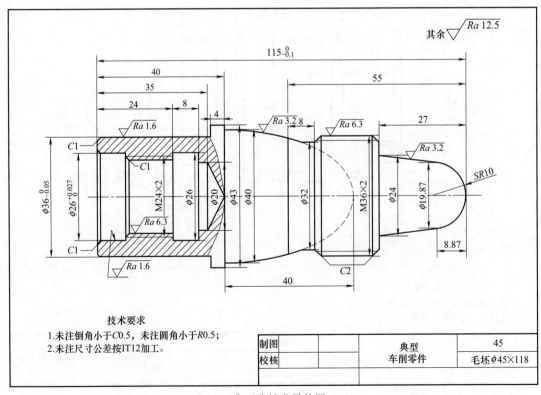

技术要求
1.未注倒角小于C0.5，未注圆角小于R0.5;
2.未注尺寸公差按IT12加工。

制图			典型	45
校核			车削零件	毛坯φ45×118

图 7-8　典型孔轴类零件图（三）

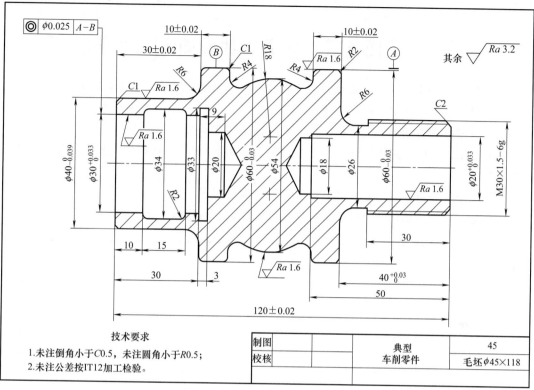

图 7-9　典型孔轴类零件图（四）

技术要求
1.未注倒角小于C0.5，未注圆角小于R0.5；
2.未注公差按IT12加工检验。

制图		典型	45
校核		车削零件	毛坯φ45×118

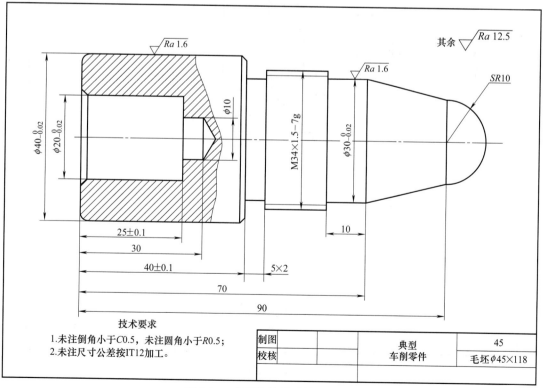

图 7-10　典型孔轴类零件图（五）

技术要求
1.未注倒角小于C0.5，未注圆角小于R0.5；
2.未注尺寸公差按IT12加工。

制图		典型	45
校核		车削零件	毛坯φ45×118

任务三　套类零件的加工

加工图 7-11～图 7-15 所示零件。根据图样尺寸及技术要求，完成下列内容。

① 完成零件的车削加工造型（建模）。

② 对该零件进行加工工艺分析，填写数控加工工艺卡片。

③ 根据工艺卡中的加工顺序，进行零件的轮廓粗/精加工、切槽加工和螺纹加工，生成加工轨迹。

④ 进行机床参数设置和后置处理、生成 NC 加工程序。

⑤ 将造型、加工轨迹和 NC 加工程序文件，保存到指定服务器上。

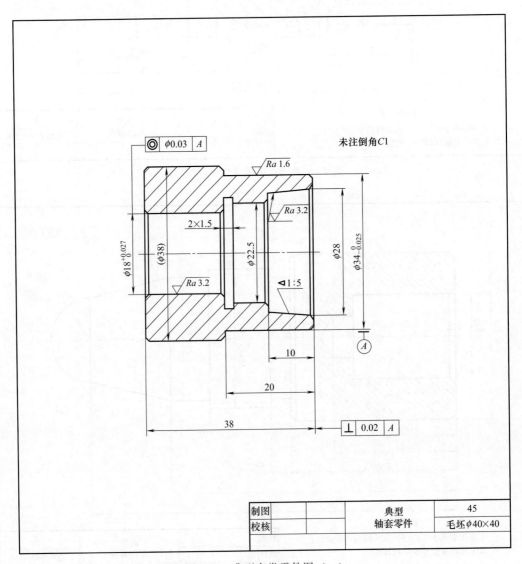

图 7-11　典型套类零件图（一）

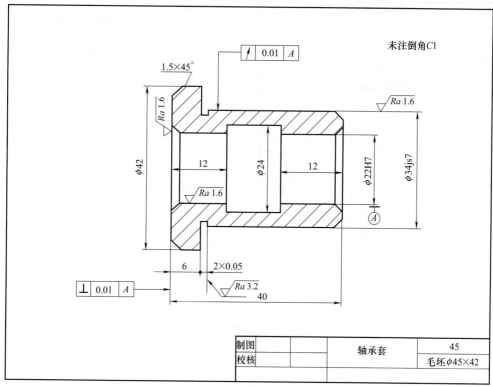

图 7-12　典型套类零件图（二）

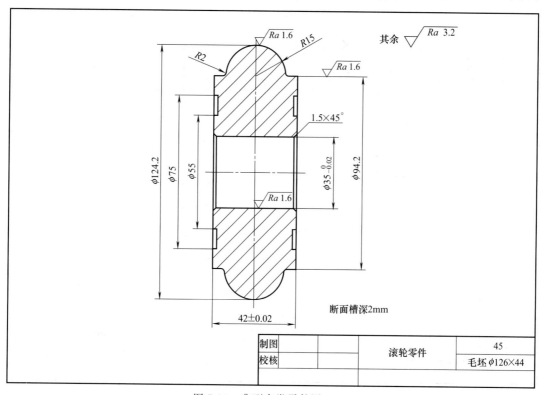

图 7-13　典型套类零件图（三）

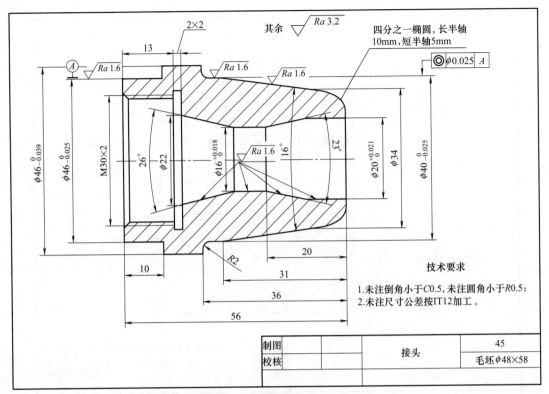

图 7-14　典型套类零件图（四）

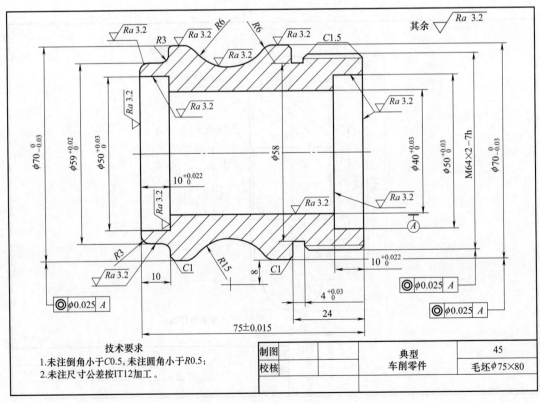

图 7-15　典型套类零件图（五）

思考与练习答案

项目一 CAXA 数控车 2015 基本操作

一、填空题

1. 空格，点，选择集合
2. F1，F2，F3 或 Home
3. 坐标，距离，角度，元素属性

二、选择题

1. A 2. C 3. C 4. B

三、判断题

1. × 2. √ 3. × 4. ×

四、简答题

1. 答：CAXA 数控车基本应用界面由标题栏、菜单栏、绘图区、工具条和状态栏组成。标题栏用于显示程序图标以及当前正在运行文件的名字等信息。菜单栏包括了 CAXA 数控车的大部分功能和命令，通过单击菜单命令，可以调用相应的功能和命令。绘图区是用户进行绘图设计的工作区域，用户所有的工作结果都反映在这个窗口中。工具条是 CAXA 数控车提供的一种调用命令的方式，其包含多个由图标表示的命令按钮，单击这些图标按钮，可以调用相应的命令。状态栏用来反映当前的绘图状态，状态栏左端时命令提示栏，提示用户当前动作；状态栏中部为操作指导栏和工具状态栏，用来指出用户的不当操作和当前的工具状态；状态栏右端时当前光标的坐标位置。

2. 答：鼠标左键用以激活菜单、确定位置点或拾取元素等，鼠标右键用以确认拾取、结束操作或终止命令等。

3. 答：当按下 F6 键时，将当前平面切换至 *YOZ* 面，同时将显示平面置为 *YOZ* 面，将图形投影到 *YOZ* 面内进行显示。

4. 答：一种方法可以在菜单条或其他工具条空白处右击，弹出菜单项，在该功能菜单项前打上√，则在界面上出现该功能栏；另一种方法可通过单击主菜单中的"设置"→"自定义"命令，CAXA 数控车会弹出"自定义"对话框，在工具条中的相应功能栏前的复选框中打上√，单击"关闭"按钮，也会在界面上出现相应的功能栏。

5. 答："新建"是创建一个新的 CAXA 数控车文件，而"打开"则是打开一个已有的数据文件；"保存"是将当前绘制的图形文件以当前的文件名（*.mxe）存储到磁盘上，而"另存为"则是将当前绘制的图形另取一个文件名存储到磁盘上

五、作图题

略

项目二　CAXA 数控车 2015 平面图形绘制

一、填空题

1. 快速裁剪，线裁剪，点裁剪，修剪，线裁剪，点裁剪

2. 三点，圆心__起点__圆心角，圆心__半径起终角，两点__半径，起点__终点__圆心角，起点__半径起终角

3. 系统参数设定

4. 点工具，空格，点工具

1. A　2. C　3. A　4. A　5. B　6. A

三、简答题

1. 答：6种，分别是两点线、平行线、角度线、切线/法线、角等分线和水平铅垂线。

2. 答：有平移、平面旋转、旋转、平面镜像、镜像、阵列、缩放。

3. 答：工具菜单：将操作过程中需频繁使用的命令选项，分类组合在一起而形成的菜单。当操作中需要某一特征量时，只要按下空格键，即在屏幕上弹出工具菜单。工具菜单包括点工具菜单和选择集合工具菜单。

立即菜单：CAXA 数控车在执行某些命令时，会在特征树下方弹出一个选项窗口，该窗为立即菜单。其描述了该项命令的各种情况和使用条件，用户根据当前的作图要求，正确地选择某一选项，即可得到准确的响应。

4. 答：一是在菜单条或其他工具条空白处右击，得到选择工具条菜单项，在"曲线生成"菜单项前的复选框中打上√，则在界面上出现"曲线工具"栏；二是单击主菜单中的"设置"→"自定义"命令，CAXA 数控车会弹出"自定义"对话框，在工具条中的"曲线工具"前面的复选框中打上√，单击"关闭"按钮，也会在界面上出现"曲线工具"栏。

四、作图题

（略）

项目三　CAXA 数控车零件编程与仿真加工

一、填空题

1. 绝对，增量

2. 程序段行号，程序大小，数据格式，编程方式，圆弧控制方式

3. 轮廓车刀，切槽车刀，螺纹车刀，钻孔刀具

4. 主轴转速，接近速度，进给速度，退刀速度

5. 外轮廓，内轮廓，端，加工轨迹，数控代码

6. 链，单个拾取，链拾取，限制链拾取

7. 右键

二、选择题

1. C　2. B　3. B　4. A　5. B

三、判断题

1. √　2. ×　3. ×　4. √　5. √　6. ×

四、简答题

1. 答：置当前刀具就是将当前的刀具设置为在当前加工中要使用的刀具，在加工轨迹的生成中要使用当前刀具的刀具参数。

2. 答：机床设置的作用：针对不同的机床、不同的数控系统，设置特定的数控代码、数控程序格式及参数，并生成配置文件。生成数控程序时，系统根据该配置文件的定义，生成用户所需的特定代码格式的加工指令。

后置处理的作用：针对特定的机床，结合已经设置好的机床配置，对后置输出的数控程序的格式，如程序段行号、程序大小、数据格式、编程方式、圆弧控制方式等进行设置。

3. 答：通过设置系统配置参数，后置处理所生成的数控程序，可直接输入数控机床或加工中心进行加工，而无需进行修改。如已有的机床类型中没有所需的机床，可增加新的机床类型以满足使用需求，这时应对新增的机床进行设置。

4. 答：在轮廓粗车中，被加工轮廓和毛坯轮廓不能单独闭合或自相交。

5. 答：在绘制被加工轮廓和毛坯轮廓时，一定要注意被加工轮廓和毛坯轮廓必须两端点相连，两轮廓共同构成一个封闭的加工区域，在此区域的材料将被加工去除。被加工轮廓和毛坯轮廓不能单独闭合或自相交。

6. 答：在确定加工参数后，拾取被加工轮廓和毛坯轮廓，此时可使用系统提供的轮廓拾取工具。系统默认为"链拾取"，因为"链拾取"不分被加工表面轮廓与毛坯轮廓，所以此时要采用"链拾取"。对于多段曲线组成的轮廓，应使用"限制链拾取"或"单个拾取"，将极大地方便拾取。

7. 答：在切槽需拾取轮廓时，状态栏提示用户选择轮廓线，如采用单个链拾取方式，则按顺序依次拾取；如采用限制链拾取，系统继续提示选取限制线，分别拾取凹槽的左边和右边，凹槽部分变成红色虚线，按鼠标右键确定。

五、作图题

略

项目四　CAXA 数控车工艺品零件编程与仿真加工

一、填空题

1. 轮廓，实际刀尖半径

2. 正，负

3. 直线

4. 外轮廓，内轮廓，端，工件表面，闭合，自相交

5. 加工参数，切削用量，切槽刀具

6. 纵，X

二、选择题

1. C 2. C 3. C 4. B 5. B 6. C 7. C 8. B 9. C 10. B 11. A

三、判断题

1. √ 2. × 3. × 4. √ 5. √

四、简答题

1. 答：非固定循环方式适应螺纹加工中的各种工艺条件，加工方式进行更为灵活的控制；而固定循环加工方式加工螺纹，输出的代码适用于西门子840C/940控制器。

2. 答：轮廓粗/精车加工、切槽加工、螺纹加工、钻孔加工。

3. 答：CAXA数控车有以下三个基本特点。

① 功能驱动方式。CAXA数控车采用菜单驱动、工具条驱动和快捷键（热键）驱动相结合的方式。

② 弹出菜单。CAXA数控车的弹出菜单是当前命令状态下的子命令，通过空格键弹出，不同的命令执行状态，可能有不同的子命令。

③ 工具条驱动。与其他Windows应用程序一样，为比较熟练的用户提供了工具栏命令驱动方式，把用户经常使用的功能分类组成工具组，放在显眼的地方以方便用户使用。

五、作图题

略

项目五　CAXA 数控车特殊编程加工方法

一、填空题

1. 非固定循环，固定循环，车螺纹，固定循环加工

2. 两，三，鼠标右，鼠标右

3. 切入，螺纹始

4. 旋转中心，高速啄式深孔钻，左攻丝，精镗孔，钻孔，镗孔，反镗孔

5. 进刀，侧进

6. 底部

7. 曲线生成，公式曲线

8. 点，直线，圆弧，样条，组合曲线

9. 机床，数控系统，数控代码，程序格式，参数

10. 配置文件

二、选择题

1. C 2. C 3. C 4. B 5. B 6. A 7. C 8. C 9. B 10. C

三、简答题

1. 答：在CAXA数控车系统中当需要轮廓精车时并不需要绘制出毛坯轮廓。因为在轮廓粗加工中已经把毛坯中大多数余量去除了，精车需要保证尺寸和表面质量即可，所以在轮廓精车时并不需要绘制出毛坯轮廓。

2. 答：在应用CAXA数控车进行轮廓粗车与轮廓精车时，两者的刀具轨迹并不相同。

　　精加工产生刀具轨迹与被加工零件的轮廓线是相似的，严格按照轮廓曲线形状走刀，轨迹为连续的曲线；粗加工轨迹是根据被加工零件的轮廓，以尽量去除多余材料，以提高生产效率为目的而生成的刀具轨迹。

　　3. 答：CAXA 数控车只能绘制二维平面图形，因为在使用这个软件进行自动编程时，不需要建立零件的实体模型。

四、作图题

略

项目六　CAXA 数控车自动编程综合实例

一、填空题

1. 点，直线，圆弧，样条，组合曲线

2. Page Down，Page Up，F3

3. 右

4. 点的坐标、两点间距离、角度、元素属性、面积、重心、周长

5. 机床，数控系统，代码，程序格式，参数

6. 快速裁剪，拾取边界裁剪，批量裁剪

7. 配置文件

8. 空格键

9. 外轮廓，内轮廓，端，工件表面，单独闭合，自相交

10. 纵

11. 内外轮廓，端面

12. 旋转中心

13. 进刀，侧进

14. 正，负

二、选择题

1. D　2. B　3. B　4. A　5. C　6. C　7. C　8. B　9. B　10. A

三、判断题

1. √　2. √　3. √　4. ×　5. ×

四、简答题

1. 答：CAXA 数控车有以下三个基本特点：

　　① 功能驱动方式。CAXA 数控车采用菜单驱动、工具条驱动和快捷键（热键）驱动相结合的方式。

　　② 弹出菜单。CAXA 数控车的弹出菜单是当前命令状态下的子命令，通过空格键弹出，不同的命令执行状态，可能有不同的子命令。

　　③ 工具条驱动。与其他 Windows 应用程序一样，为比较熟练的用户提供了工具栏命令驱动方式，把用户经常使用的功能分类组成工具组，放在显眼的地方以方便用户使用。

　　2. 答：一般铣削通槽，可以使用三面刃的盘铣刀。当然，也可以用键槽铣刀或者立铣刀。如果是铣不通槽，一般都会使用立铣刀加工。如果对槽的尺寸精度要求高，则可以使用

键槽铣刀加工。

3. 答：轮廓粗、精车加工，切槽加工，螺纹加工，钻孔加工。

4. 答：钻中心孔、径向 G01 钻孔和端面 G01 钻孔。

5. 答：两坐标联动的三坐标行切法加工 X、Y、Z 三轴中任意二轴作联动插补，第三轴做单独的周期进刀，称为二轴半坐标联动。常在曲率变化不大及精度要求不高的粗加工中使用。

五、编程题

略

参 考 文 献

[1] 陈海舟. 数控加工宏程序 [M]. 北京：机械工业出版社，2006.

[2] 宛剑业. CAXA 数控车实用教程 [M]. 北京：化学工业出版社，2009.

[3] 王世辉. 数控机床编程与操作 [M]. 北京：电子工业出版社，2006.

[4] 刘长伟. 数控加工工艺 [M]. 西安：西安电子科技大学出版社，2008.

[5] 姬彦巧. CAXA 制造工程师 2015 与数控车 [M]. 北京：化学工业出版社，2017.

[6] 姬彦巧. CAXA 制造工程师 2013 与数控车 [M]. 北京：化学工业出版社，2015.

[7] 范悦. CAXA 数控车实例教程 [M]. 北京：北京航空航天大学出版社，2007.

[8] 吕斌杰. CAXA 数控车自动编程实例培训教程 [M]. 北京：化学工业出版社，2013.

[9] 钱海云. CAXA 数控车主编出版社 [M]. 成都：西南交通大学出版社，2015.